天文觀測超圖解

Astronomical Observation Guide

日月篇

李德生 著

萬里機構

序

天文事業蓬勃發展，日新月異，遙遠的太空不再遙遠，神秘的宇宙不再神秘，讀天文書，講星空事，購望遠鏡，觀日月星，成為越來越多市民大眾的日常興趣。

《天文觀測超圖解》是一套從天文觀測入手，揭開神秘天文畫卷的書籍，既有觀星指引，又有觀星技巧，還有觀星知識；總共2冊，本分冊為日月篇，主要講述天文觀測、了解天文、認識望遠鏡、月球觀測、太陽觀測方面的天文科普知識。另一分冊星空篇，圍繞恆星觀測、行星觀測、衛星流星彗星觀測、深空天體觀測、星座觀測等內容展開描述。全書語言簡潔易懂，天文知識齊全，內容循序漸進，是廣大天文愛好者暢遊神秘宇宙的首選。

作者李德生先生有豐富的天文科普寫作經驗，曾出版過大量的天文科普書籍，並多次獲得優秀科普圖書獎。他的作品暢銷全國，科普特點鮮明，圖文並茂，深入淺出，不論男女老幼，一看就懂，一讀就會，是陪伴讀者暢遊太空，探索宇宙的小幫手。

本套書是作者專門為喜愛天文的初學者量身定做的觀測星空、了解宇宙的一本力作，相信對推廣天文科普事業大有裨益。雖然作者是業餘天文科普作家，但本人對他筆耕不輟，推廣天文科普事業的執着精神表示欽佩，特為此書作序！

潘文彬（副教授。廣東天文學會秘書長）

目錄

一、天文觀測

二、了解天文

三、認識望遠鏡

四、月球觀測

五、太陽觀測

附錄

宇宙的框架

宇宙
其他超星系團
本超星系團
本星系團
其他星系團
星系際物質
銀河系
河外星系
其他恒星
太陽系
恒星際物質
太陽
太陽系中心天體
八大衛星系
水星（沒有衛星）
金星（沒有衛星）
地球與其 1 顆衛星（月球）
火星與其 2 顆衛星
木星與其 95 顆衛星
土星與其 146 顆衛星
天王星與其 28 顆衛星
海王星與其 16 顆衛星
矮行星系
谷神星（沒有衛星）
冥王星與其 5 顆衛星
妊神星與其 2 顆衛星
鳥神星（沒有衛星）
鬩神星與其 1 顆衛星
行星際物質
彗星（能觀測到的約有 1,600 顆）
小行星帶（約 50 萬顆小行星，分佈於火星軌道和木星軌道之間）
流星體

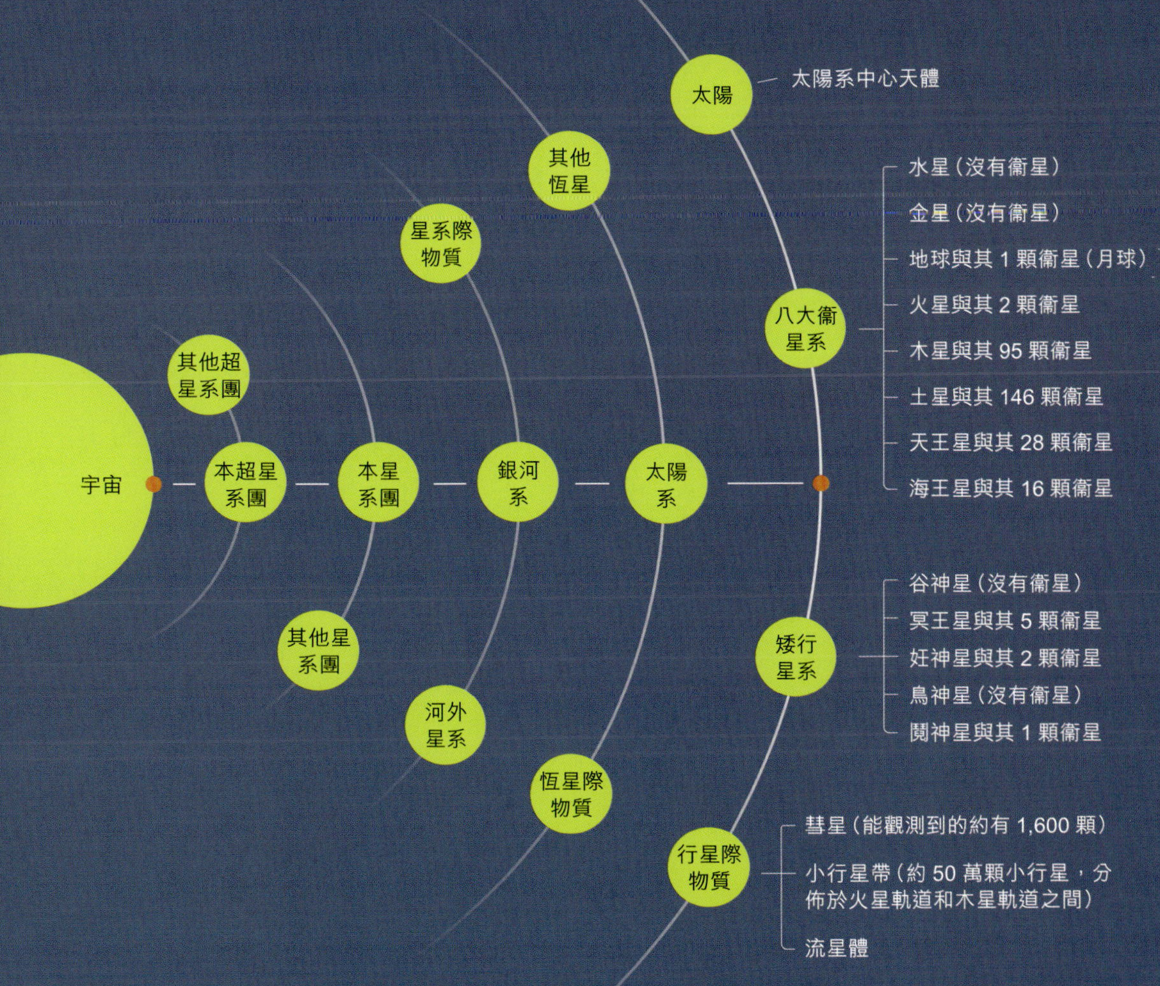

天體系統分級

一級天體
可觀測宇宙
（舊稱總星系）

二級天體
超星系團
（如本超星系團）

三級天體
星系團／群
（如本星系群）

四級天體
恆星系
（如銀河系）

五級天體
行星系
（如太陽系）

六級天體
衛星系
（如地月系）

天體種類

可觀測宇宙

超星系團

星系團／群

星系、星系際物質

恆星、矮星、星團、星雲、恆星際物質

大行星、矮行星、小行星、彗星、流星、行星際物質

衛星、行星環

充滿各類天體間的紅外源、紫外源、射電源、X射線源、γ射線源

一、天文觀測

甚麼是天文觀測？

天文觀測是指觀測天體的活動。我們日常主要觀測的是視面天體及由視面天體演化的各種天象。

甚麼是天象？

天象是指從地球上觀看，發生在地球大氣層外的所有天文現象，是由各種天體運轉所產生的各種自然現象。

甚麼是天體？

天體包括視面天體和非視面天體。視面天體主要包括恆星（含太陽）、行星、衛星（含月球）、流星、彗星、星際物質，深空天體的星雲、星團、星系等。非視面天體主要有暗能量、暗物質、黑洞、白洞、蟲洞，紅外源、紫外源、射電源、X 射線源、γ射線源等。

天文觀測包括哪些內容？

天文觀測主要包括恆星（含太陽）、行星、衛星（含月球）、流星、彗星、星際物質，深空天體的星雲、星團、星系等視面天體。還包括觀測這些天體演化出來的下列天象：

- **日食** 含日全食、日環食、日偏食、全環食。
- **月食** 含月全食、月偏食、半影月食。
- **星食** 衛星食。
- **位相** 含月相、內行星星虧、外行星星虧。
- **順逆行** 含行星順行、行星逆行。
- **留** 含行星順留、行星逆留。
- **連珠** 指三到八顆行星連珠。
- **流星** 含流星雨、火流星。
- **彗星** 含彗頭、彗尾。
- **合** 指合、上合、下合、內合、外合。
- **沖** 含沖、大沖。
- **凌** 含行星凌日、衛星凌行星、衛影凌行星。
- **掩** 含月掩行星、月掩恆星、行星掩恆星。
- **伴或合** 指行星或恆星伴或合月、行星伴或合恆星。
- **大距** 指內行星東大距、內行星西大距。
- **方照** 指外行星東方照、外行星西方照。
- **天光** 指黃道光、對日照、地影等。

天文觀測有哪些方式？

天文觀測方式主要包括肉眼觀測和利用各類天文設備的觀測。普通天文愛好者使用的觀測設備主要是指光學天文望遠鏡，用以觀測視面天體。而專業天文觀測除了觀測視面天體，還通過射電源、紅外源、紫外源等設備觀測和探測非視面天體。

肉眼觀測

肉眼觀測就是用肉眼觀測星空天體的活動。除了大視面的太陽和月亮及其演化的天象外，肉眼可以看到約 7,000 顆星星，這些星星中，除了水星、金星、火星、木星、土星和偶爾出現的彗星、流星外，其他都是恆星和極少數的深空天體。肉眼觀測是掌握和使用設備觀測的基礎。

專用設備觀測

專用設備，是指觀測可見光的光學天文望遠鏡，以及觀測不可見光的特殊天文設備。隨着科技發展，天文設備日新月異，天文望遠鏡從小口徑發展到大口徑，從地面觀測發展到外太空觀測，從可見光觀測發展到不可見光觀測，人類探索宇宙的腳步從沒有停歇，所觀測的宇宙越來越廣，越來越深。

中國天眼

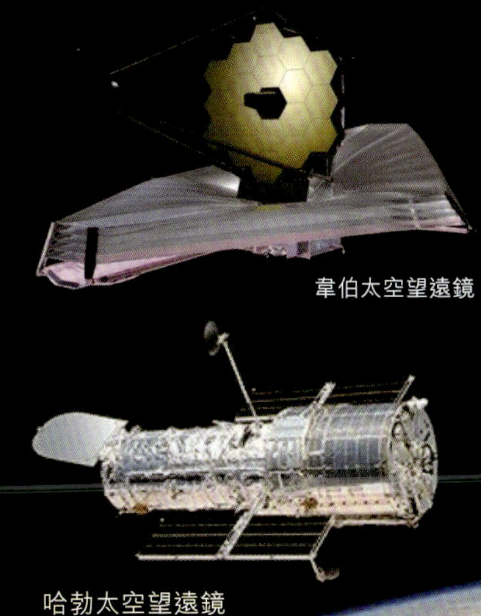

韋伯太空望遠鏡

哈勃太空望遠鏡

肉眼能夠看到多少顆星星？

天上的星星密密麻麻，人的肉眼在同一時刻只能看到全天一半的星空，即使在「周日視運動」* 中看到的全天星星也只有 7,154 顆，借助望遠鏡則可觀測到數十億顆星星，隨着光學技術發展，還會觀測到更多更暗的星星。在光污染和空氣污染嚴重的城鎮，只能看到幾十顆甚至幾顆星星。肉眼能夠看到的 6 等星 ** 以上的星星數量如下：

-1 等星	1 顆	0 等星	4 顆	1 等星	15 顆	2 等星	48 顆
3 等星	171 顆	4 等星	513 顆	5 等星	1,602 顆	6 等星	4,800 顆

望遠鏡能夠看到多少顆星星？

人的肉眼借助天文望遠鏡可觀測到近 40 億顆星星。最暗的星星可以看到 21 等星，總計數量如下：

7 等星	10,000 顆
8 等星	32,000 顆
9 等星	97,000 顆
10 等星	270,000 顆
11 等星	700,000 顆
12 等星	1,800,000 顆
13 等星	5,100,000 顆
14 等星	12,000,000 顆
15 等星	27,000,000 顆
16 等星	55,000,000 顆
17 等星	120,000,000 顆
18 等星	240,000,000 顆
19 等星	510,000,000 顆
20 等星	945,000,000 顆
21 等星	1,890,000,000 顆

註
* 由於地球是自轉的，使得太陽、月亮和星星每天看起來都是東升西落，這種規律的移動，就稱為「周日視運動」。
** 星等（magnitude）是衡量天體光度的量。星等值愈小，星星就愈亮；星等數值愈大，它的光就愈暗。

肉眼能夠看到甚麼天體？

肉眼能夠看到的天體主要有恆星、大行星、衛星、彗星、流星及部分深空的星系、星團、星雲等視面天體。

肉眼借助望遠鏡能夠看到甚麼天體？

借助望遠鏡，人類可以看到更多更遠的視面天體，包括恆星、大行星、矮行星、小行星、衛星、彗星、流星，星系、星團、星雲等深空天體及一些星際物質。

望遠鏡看到的天體都是彩色的嗎？

借助望遠鏡，人類看到的天體，除了大行星、部分衛星、彗星、個別恆星有一定程度的色彩外，其他天體，尤其是深空天體（如星系、星團、星雲等）都只能看到暗淡的灰白色。其實，深空天體一樣有豐富的色彩，只是因為深空天體太過遙遠，光度十分暗淡，人眼不能有效地識別暗弱物體的顏色。我們看到的五彩繽紛的深空天體照片，存在以下兩種可能：

一是利用三原色光模式拍攝合成的照片或彩色相機直接拍攝的照片，都是深空天體的真實顏色。

二是改變波段拍攝生成的不真實色彩照片。

如何識別不同的天體？

仰望星空，星光閃爍，在沒有參照物，觀測環境多變等條件下，會造成識別誤會。經常聽說有人把金星識別成飛行物，把飛機尾氣識別為 UFO（不明飛行物體）。

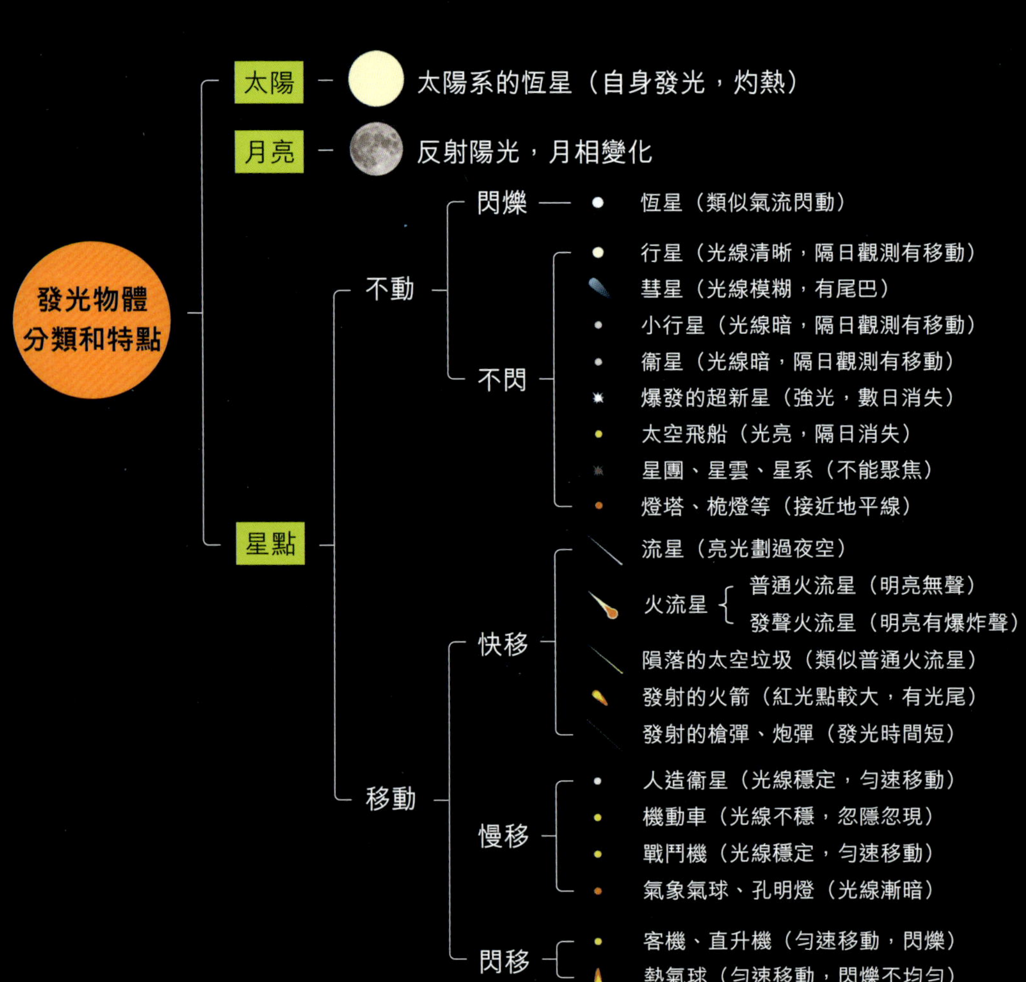

如何在滿天的星星中識別出行星？

位置識別 行星一定出現在黃道帶內，但要區別位於黃道帶的其他亮星。首先要找到黃道帶，黃道就是白天太陽東升西落走過的軌跡，或使用星圖了解黃道在夜空的位置。（關於黃道帶的資料，見頁 25）

亮度識別 除天王星和海王星外，行星在大多數情況下都比夜空中最亮的天狼星更亮。

光度識別 行星在同樣的大氣條件下，光線比一般恒星穩定而不閃爍。

顏色識別 行星比恒星的顏色強烈，金星為橙色，火星為紅色，木星為棕黃色，土星為銀黃色，天王星和海王星呈綠藍色。

移動識別 行星的位置每天會在恒星的背景下移動變化，而恒星看不出變化。

視面識別 用望遠鏡可見行星的相位變化，甚至看到表面的細節，而恒星只是亮點。

光線識別 用望遠鏡可見行星光線散焦變得模糊，而恒星光線散焦出現同心環；遇到無法聚焦的發光體，可能是星團、星雲或星系。

軟件識別 用智能尋星筆、智能尋星望遠鏡，或用星空軟件等直接在星空中尋找識別。

抬頭能看到多大的星空？

在地球上的任何時間、任何地點，觀測者抬頭都可以看到地平線以上的星空，即可以看到整個星空的一半，地平線以下的另一半星空看不到。

人類能夠看到整個星空嗎？

人類是可以觀測到整個星空的，因為地球是自轉的，天上的星星隨着觀測時間的不同也會運動，但又因為觀測者所處的地理位置不同，觀測的星空範圍有所不同。

能不能看整個星空，或能夠看到多大的星空，是由觀測者所在的緯度決定的。例如，在北半球、南半球、北極點、赤道上、南極點不同緯度的觀測，所看到的星空範圍也是不同的。

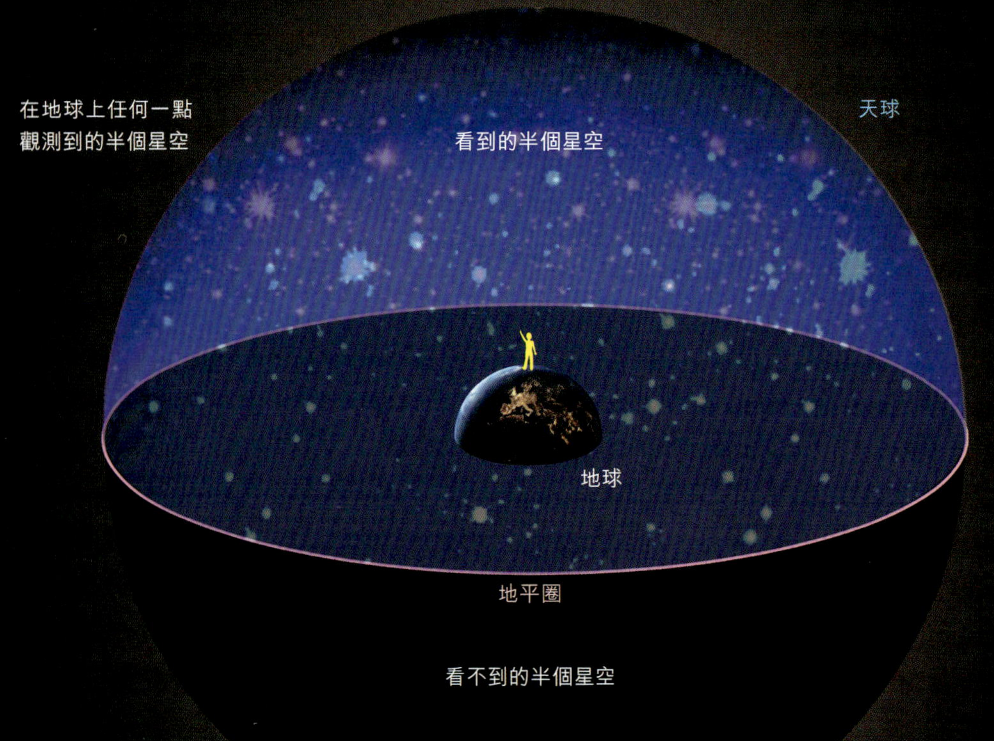

不同緯度觀測的星空大小

北半球觀測

地平圈在周日視運動中的軌跡帶內為升沒星，軌跡帶以北為恆顯星，以南為恆隱星。

南半球觀測

地平圈在周日視運動中的軌跡帶內為升沒星。軌跡帶以南為恆顯星，以北為恆隱星。

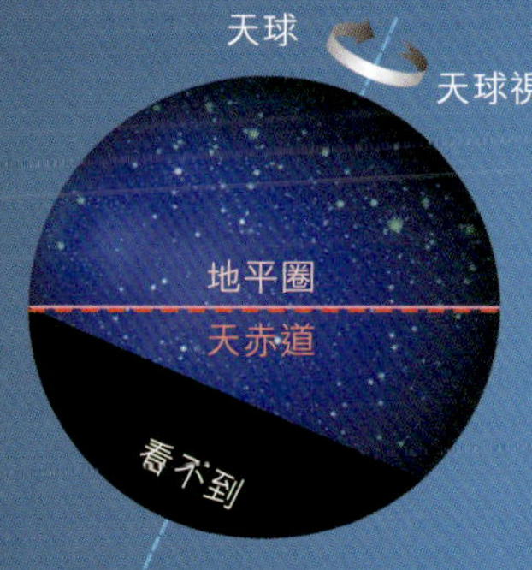

北極點觀測

地平圈與天赤道重合，在周日視運動中只能看到北半天球星空與地平圈平行運動的星。

赤道上觀測

地平圈與赤經圈重合，在周日視運動中能夠看到整個星空，除南北極星外均為升沒星。

南極點觀測

地平圈與天赤道重合，在周日視運動中只能看到南半天球星空與地平圈平行運動的星。

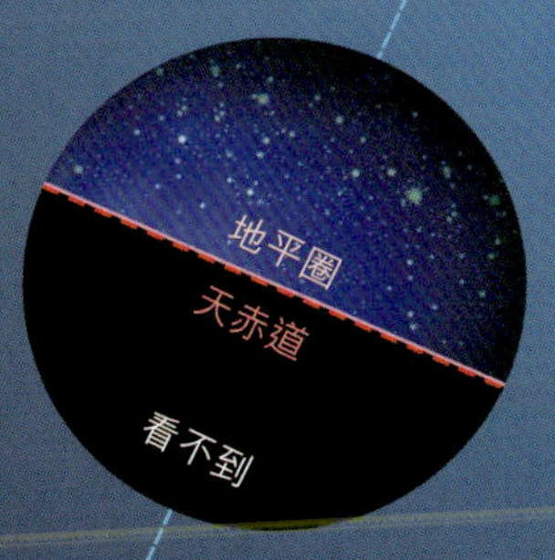

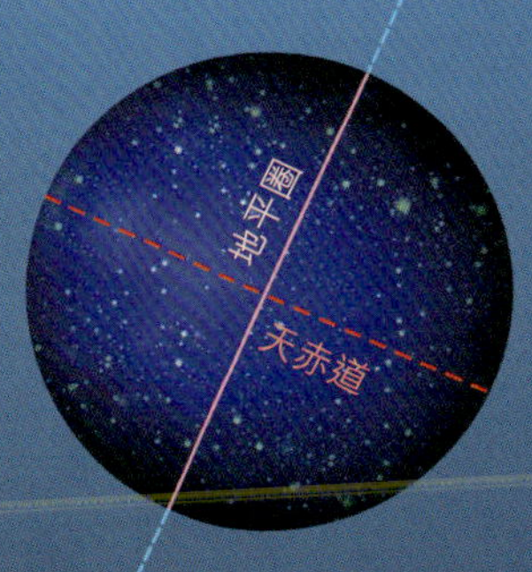

肉眼能夠觀測多遠的星星？

肉眼能夠觀測到黑暗背景中的光點，如果光點的光度能夠到達人的肉眼而被感應，則無論多遠的光點，肉眼都可以觀測到。肉眼看不到的星星，是由於距離地球太遙遠，有的甚至達到上百億光年，其光度遠遠達不到地球。

肉眼觀測到最遠和最近的天體

目前肉眼觀測到的最遠天體是三角座星系，距離地球約 292 萬光年；仙女座星系次之，約 245 萬光年。人類看到最近的大型天體是月球，距離地球最近時只有 356,700 千米。

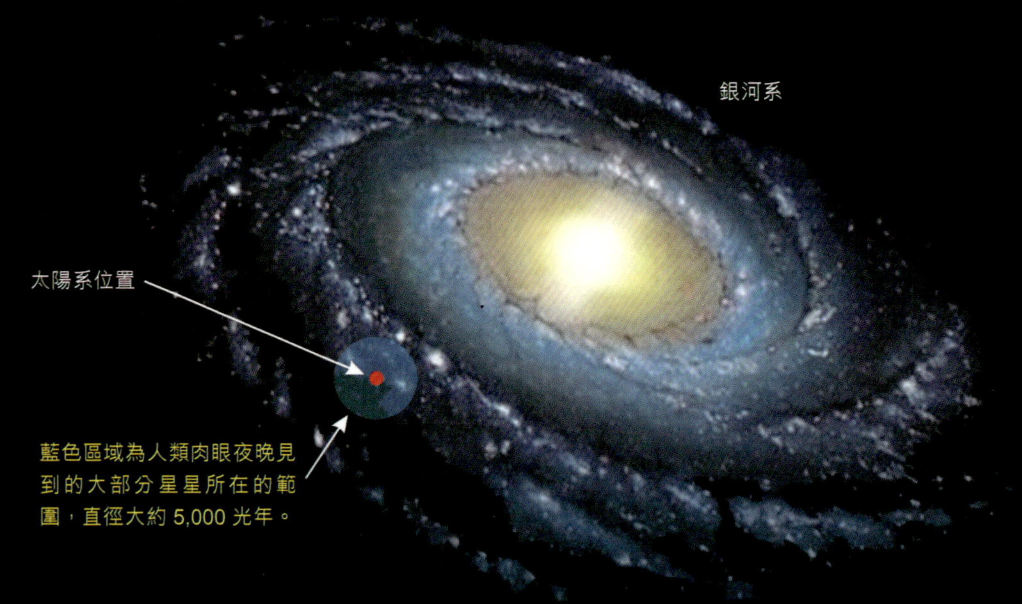

肉眼看到的天體位置

肉眼所看到的星星大約有 7,000 顆，其中絕大多數是類似太陽的恆星，這些天體絕大部分在銀河系裏，又是距離太陽系較近的恆星，方圓不過數千光年，只有極小部分來自銀河系外。

星星到地球的距離都相同嗎？

構成星座圖案的恆星看上去是在一個平面上，而事實上它們是立體分佈的，與地球的距離通常各不相同，彼此之間也沒有實體的關聯。例如，大家熟悉的勺子形狀北斗七星，七顆星距離地球有遠有近，不在一個平面上，近的只有 59 光年，遠的可達 110 光年。

如何準備天文觀測？

地點選擇

選擇開闊的場地，使能看到的天區最大化，要保證自己計劃觀測的天象內容不受影響。而日全食和日環食觀測，還得根據預告選擇日食帶觀測。

時間選擇

普通天象要在四季星空中選擇觀測，尤其是某些著名的南天星象，上中天時間段比較短；特殊天象，如行星、衛星、彗星、日食等，要選擇最佳時間段；如果是觀測天體運行，還要在同一地點同一時間，觀測數日。

環境選擇

儘量避開光污染，以免影響觀測效果；避開空氣污染的地方，以免影響望遠鏡貫穿效果；還要避開氣流的影響；草地好過土地，土地好過水泥地；野外觀測，無論春夏秋冬，都相對寒涼，攜帶好防寒衣物、防水器具，冬季觀測還要做好望遠鏡除霧準備。

設備準備

利用望遠鏡觀測，是天文觀測的最重要手段，準備一架適合自己觀測內容的望遠鏡、一個能防風的三腳架、一個紅光手電、必備的應急物品等。

知識準備

了解星空，掌握天體運行的最基本常識，可通過紙質星圖、天文軟件等提前學習，並在觀測中對比參考。

尋星準備

初學者，對滿天的星星相對陌生，要找到自己想要找到的目標並不容易，除了熟悉星圖外，還可以利用星圖軟件、智能尋星筆、智能尋星望遠鏡尋找觀測目標。

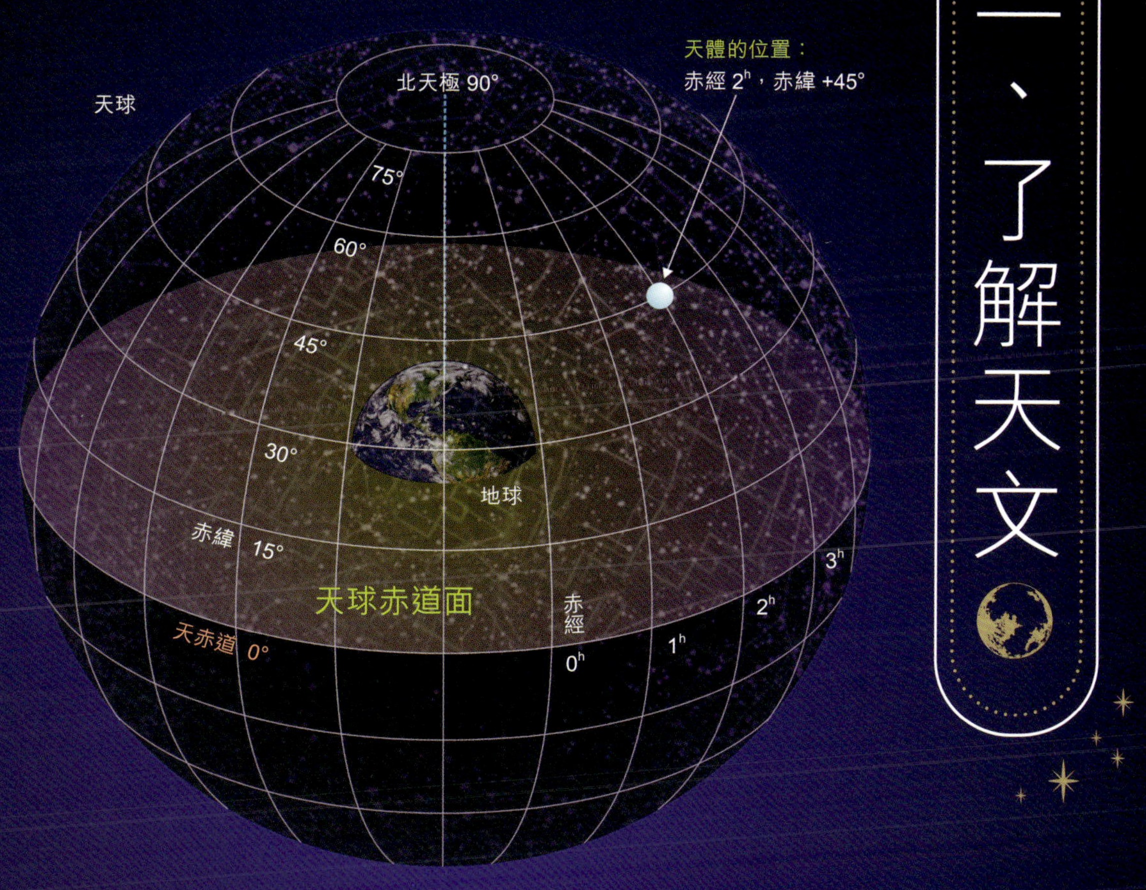

二、了解天文

天球

天球是以觀測者為中心，一個佈滿星星的假想球。天球可以是大到涵蓋整個宇宙天體，也可以小到只有月球。天球採用赤道坐標系統，標有赤經和赤緯，用來描述天體的位置。

赤經

赤經相當於地球的經線，常採用時（h）、分（m）、秒（s）計量，起始點是黃道與赤道的升交點，為 0^h，逆時針方向繞天球赤道一圈為 24^h。

赤緯

赤緯相當於地球的緯線，採用度（°）、分（′）、秒（″）計量，天赤道為 0°，到北天極為 +90°，到南天極為 -90°。

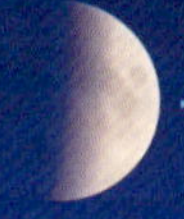

天體上中天

每天日月星辰東升西落，星體上升到最高點時，即地平高度最高時，為天體上中天。

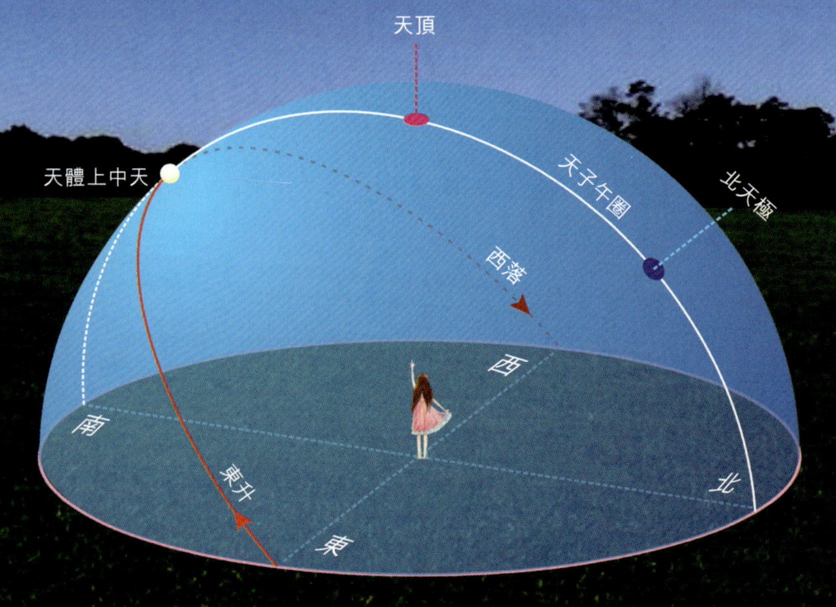

天體的周日視運動

日月星辰天體東升西落，日復一日有規律地出現，叫做天體的「周日視運動」。這是由於地球每天自西向東自轉一周所產生的視覺表象。

恆顯圈

恆顯圈是指在天球上，北極距等於觀測地緯度的赤緯圈。換言之，北半球的觀測者，以北天極為中心，以觀測地的緯度為半徑，在天球上畫的圈。這個圈內的天體永遠在地平面上，故稱為「恆顯圈」，圈內的星星叫「恆顯星」，也叫「拱極星」。觀測者所在的緯度愈高，恆顯圈愈大。

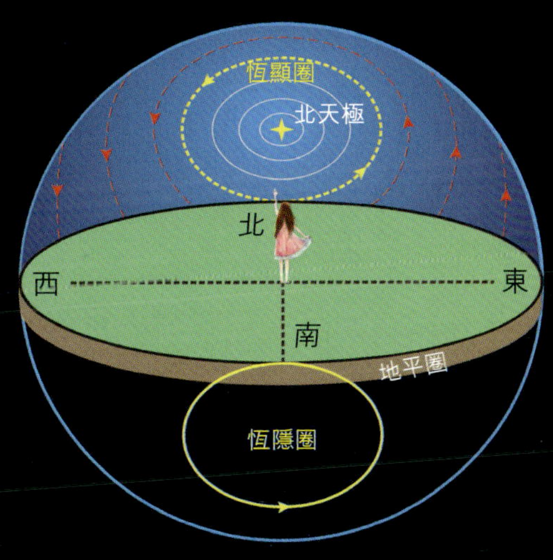

恆隱圈

對於北半球同一個地方，天球上南極距等於該地緯度的赤緯圈也是一個小圈，這個小圈內的星星永遠在地平面以下而觀測不到，這個圈叫做「恆隱圈」。

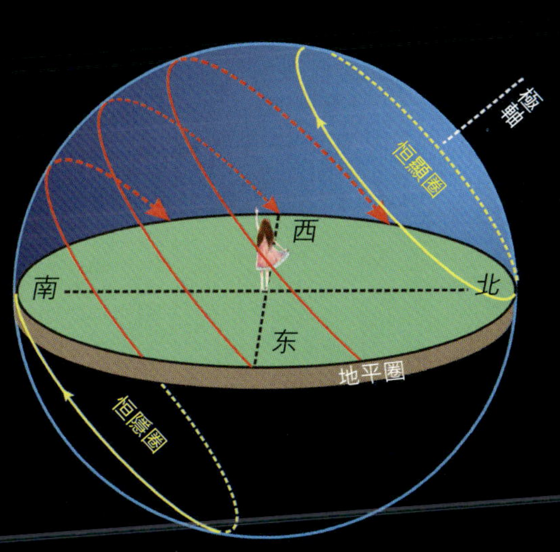

特殊的恆顯圈和恆隱圈

在極點上觀測，一半的星星平行於地平圈運動，永不升落；另一半星星永遠看不到，即有最大的恆顯圈或恆隱圈。在赤道上觀測，所有星星都東升西落，沒有恆顯圈、恆隱圈和拱極星。

升沒星

在周日視運動過程中，天赤道附近的恆星，不在恆顯圈和恆隱圈之內，東升地平線上，西落地平線下，這些星叫做「升沒星」。

黃赤交角

黃赤交角是指天球的黃道面與天球赤道面的交角。天球黃道面是指地球公轉的軌道平面的無限延伸；天球赤道面是地球赤道面的無限延伸，與地球赤道面的夾角為0°。因此，天球黃道面與天球赤道面的交角也是23°26′。

黃赤交角也變化嗎？

由於地球的章動*，黃赤交角最大的變幅為9″，周期為18.6年。另外，在太陽系內行星引力的作用下，黃道面的位置發生變化，使黃赤交角有一個長期的變化。目前黃赤交角每年約減47″。

註
* 地球在自轉時，自轉軸會出現一種輕微的擺動，稱為「章動」。

回歸線會移動嗎？

回歸線是指天球上赤道南北各23°26′的兩個赤緯圈，即太陽所能到達的兩個極限位置，夏至日太陽到達北回歸線後即轉向南去；冬至日太陽到達南回歸線後即轉向北去。由於黃赤交角有變化，南北回歸線也會隨之變化。

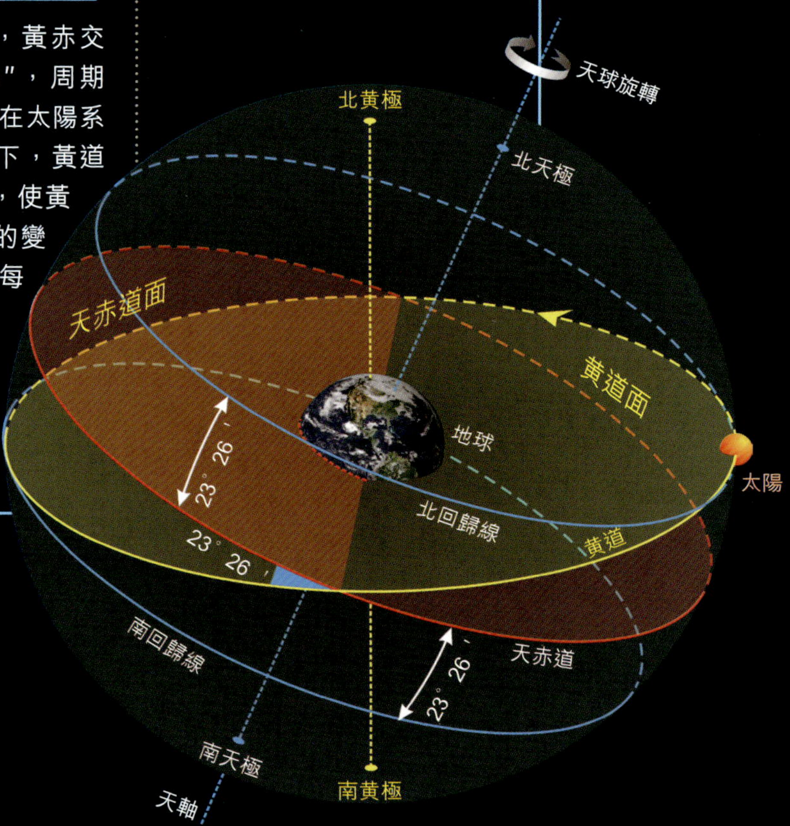

黃道帶

黃道帶是指天球上黃道南北兩邊各 9° 寬的環形區域，該環形區域涵蓋了太陽系內八大行星與多數小行星所運行的區域。

公元前 5 世紀，古巴比倫人首先使用了黃道帶這個概念。他們把整個天空想像成一個佈滿星體的大球，類似今天的天球，黃道是太陽在大球上運動的軌跡，黃道兩側的區域就是黃道帶。

古巴比倫人把黃道帶分為十二個區域，這就是黃道十二宮。

黃道區

黃道區與黃道帶不同，天球上南北回歸線之間為黃道區，由於歲差的作用，發生春分點西移現象，使得傾角 23° 26 ' 的黃道面在該區逆時針旋轉，周期為 25,786 年。

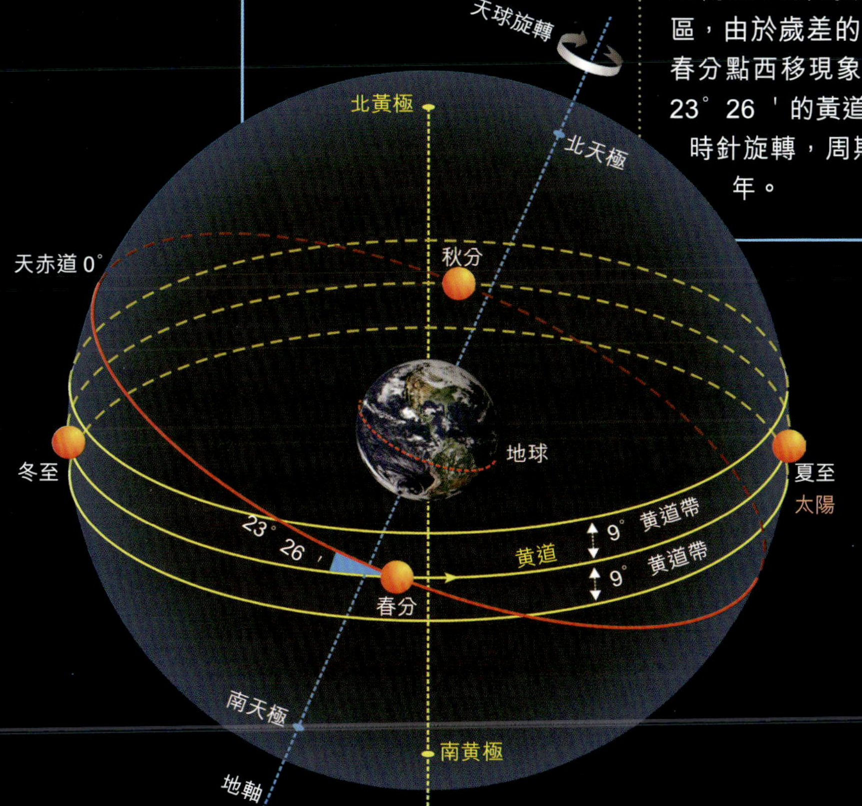

天文長度單位有哪些？

天文長度單位有千米、天文單位、光年、秒差距等，分別適用近距離天體和遠距離天體。

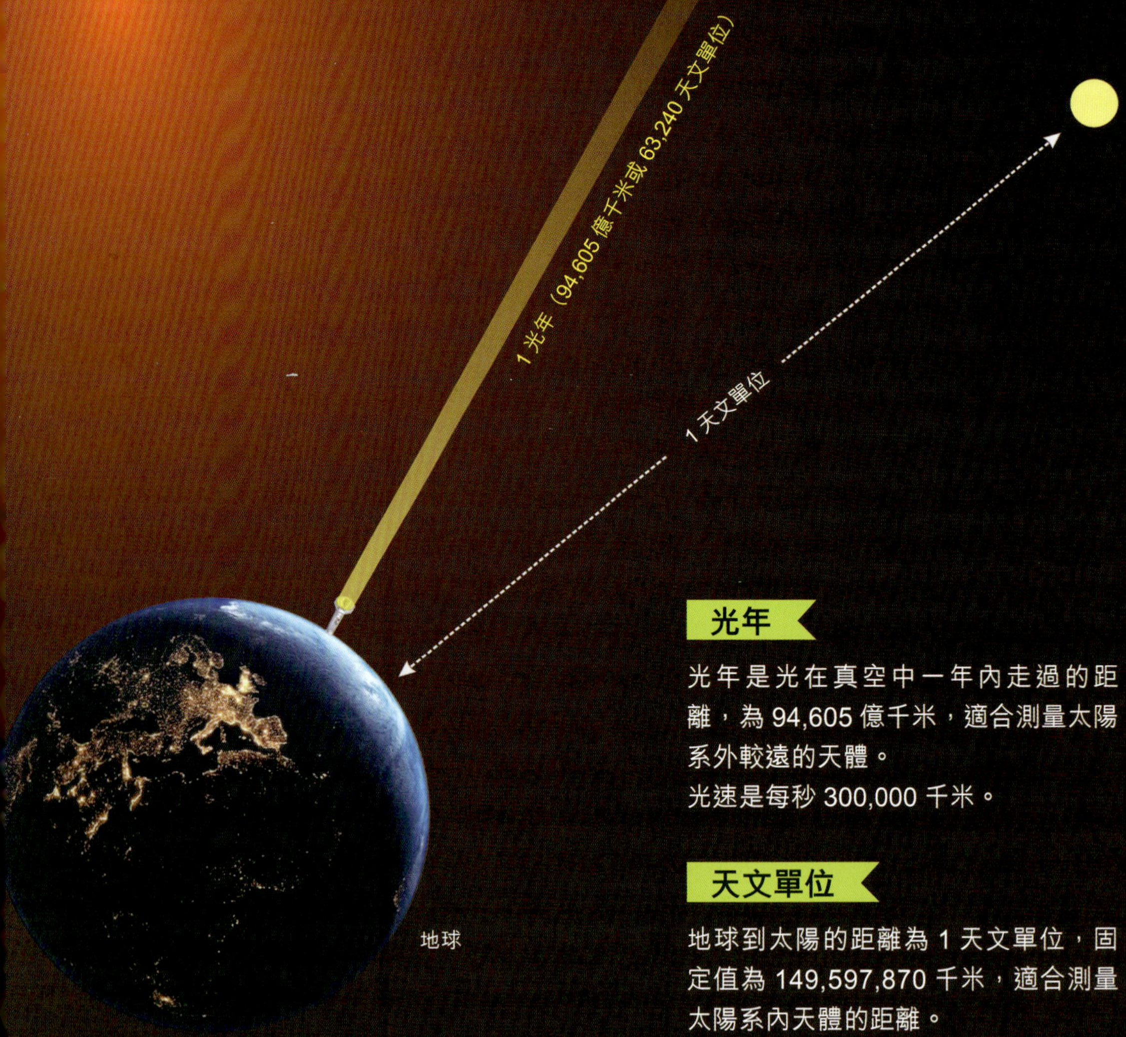

1 光年（94,605 億千米或 63,240 天文單位）

1 天文單位

地球

光年

光年是光在真空中一年內走過的距離，為 94,605 億千米，適合測量太陽系外較遠的天體。

光速是每秒 300,000 千米。

天文單位

地球到太陽的距離為 1 天文單位，固定值為 149,597,870 千米，適合測量太陽系內天體的距離。

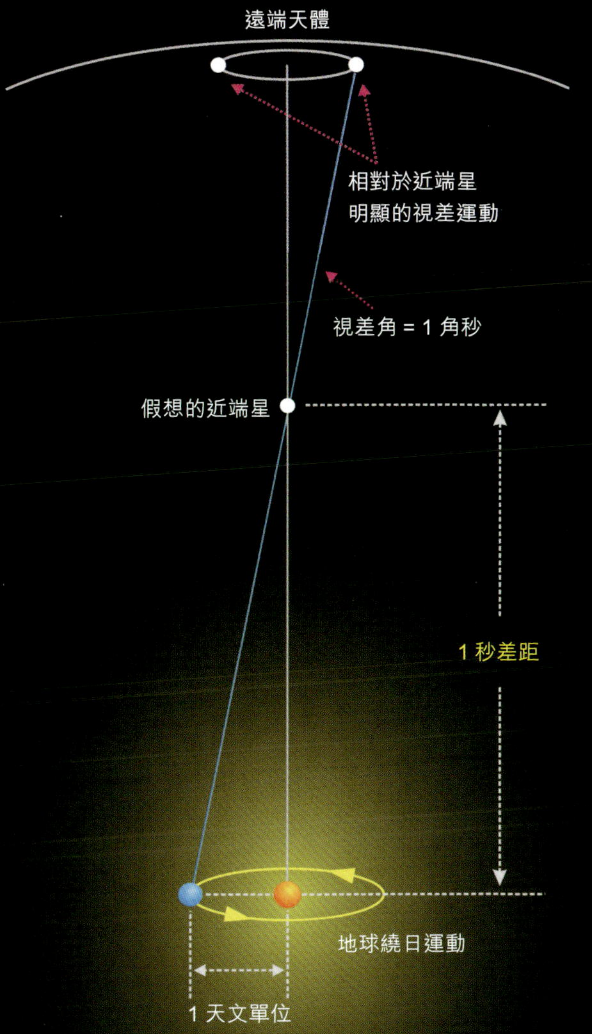

秒差距

以地球公轉軌道的平均半徑（1 天文單位）為底邊所對應的三角形內角稱為「視差」。當這個角的大小為 1" 時，這個三角形一條邊的長度（地球到這個恆星的距離）就稱為 1 秒差距，即天體的周年視差為 1" 時，它離我們的距離為 1 秒差距。

秒差距是周年視差的倒數，當天體的周年視差為 0.1" 時，它的距離為 10 秒差距，當天體的周年視差為 0.01" 時，它的距離便為 100 秒差距，如此類推。

秒差距用來測量更遙遠的天體距離，在測量更遙遠的星系時，常以千秒差距和百萬秒差距為單位。

秒差距與天文單位、光年

秒差距是測量遙遠天體距離的最大單位，是光年的 3 倍多。

1 天文單位 ≈ 149,597,870 千米
1 光年 ≈ 94,605 億千米
1 光年 ≈ 63,240 天文單位
1 秒差距 ≈ 3.261 5 光年
1 秒差距 ≈ 206,264.806 2 天文單位
1 秒差距 ≈ 30.856 0 萬億千米

如何測量天體的距離？

天體距離的測量方法，主要有三角測量法、三角視差法、變星測距法、紅移法等等。

太陽系內天體距離的測量

針對太陽系內較近天體距離的測量，採用三角測量法，即測定月球、行星的周日地平視差，可測得它們到地球的距離。

此外還有現代的方法，如雷達測距法和激光測距法等。

周日地平視差

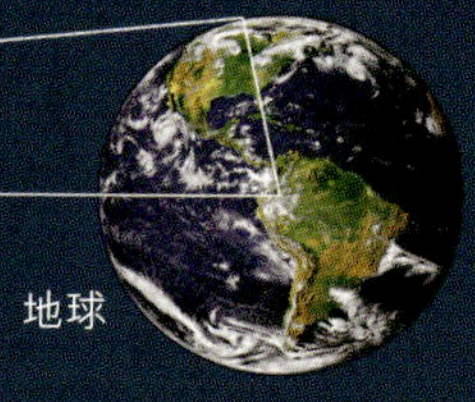

太陽系外較近天體的測量

針對太陽系外較近天體距離的測量，採用三角視差法。天體的視差與天體到觀測者的距離之間存在着簡單的三角關係，利用這種三角關係做天體的視差測量叫「三角視差法」，即把日地距離作為一個天文單位，所以只要測出恆星的周年視差，那麼它們與地球的距離也就確定了。

測量天體視差是確定天體之間距離最基本的方法。如果恆星的周年視差是 1 角秒，那麼它就距離地球 1 秒差距。三角視差法可以精確地測量數千秒差距內的天體，再遠的天體就無法準確測量了。

此外，也採用分光視差法，即通過分析恆星譜線以測定恆星距離的方法。還有星際視差法、威爾遜 - 巴普法、力學視差法、星群視差法、統計視差法和自轉視差法等。

太陽系外較遠天體的測量

針對太陽系外較遠天體距離的測量，主要有造父變星和天琴 RR 型變星測距法（標準燭光），角直徑測量法，主星序重疊法，新星、超新星、亮星、累積星等法和譜線紅移法（哈勃定律）等。

光線會彎曲嗎？

人類能夠觀測到大質量天體背後的星體，證明了光線是可以彎曲的。這是因為大質量天體存在引力透鏡效應，使得大質量天體背後的星體發出的光線發生了彎曲而到達了地球，即星體的光線「繞過」了大質量天體到達了地球。

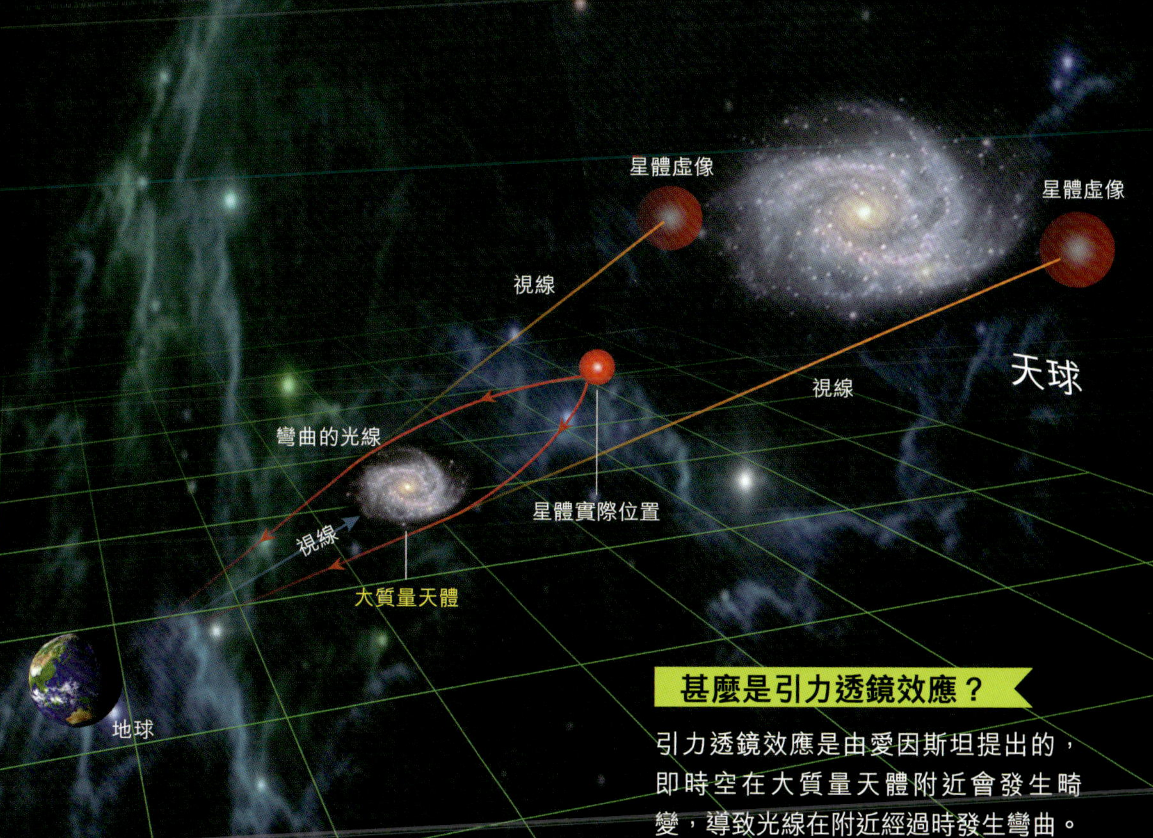

甚麼是引力透鏡效應？

引力透鏡效應是由愛因斯坦提出的，即時空在大質量天體附近會發生畸變，導致光線在附近經過時發生彎曲。

甚麼是視向速度？

視向速度是指天體相對於觀測者的速度在視線方向的投影，亦稱「徑向速度」。根據多普勒效應，視向速度分為正和負，即紅移和藍移。

甚麼是紅移？

當天體遠離觀測者時，光譜線向波長較長的紅端移動，波長變長、頻率降低，稱為「紅移」。光源愈遠，紅移值愈大，任何電磁輻射的波長增加都可稱為「紅移」。

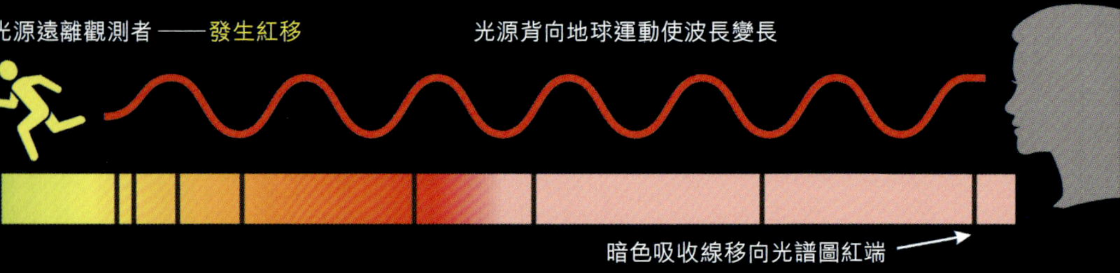

光源遠離觀測者 —— 發生紅移

光源背向地球運動使波長變長

暗色吸收線移向光譜圖紅端

甚麼是藍移？

當天體靠近觀測者時，光譜線向波長較短的藍端的位移，波長變短、頻率增高，稱為「藍移」。光源愈遠，藍移值愈大，任何電磁輻射的波長變短都可稱為「藍移」。

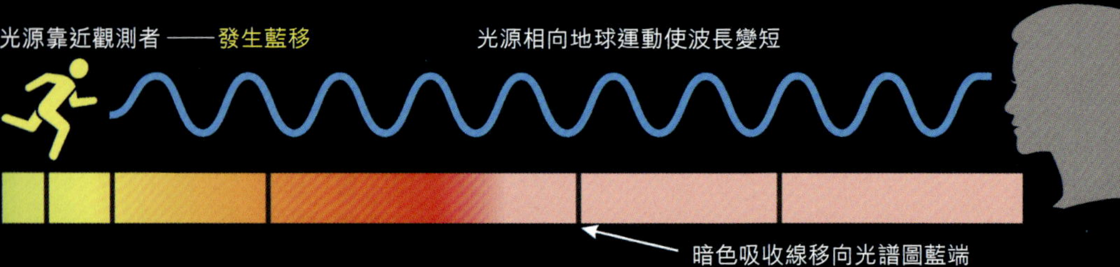

光源靠近觀測者 —— 發生藍移

光源相向地球運動使波長變短

暗色吸收線移向光譜圖藍端

如何表示天體的距離和視大小？

天體的距離是用角距表示的，千米、天文單位甚至光年也多因宇宙龐大而難以表述。天體的視大小、地平高度也是用角距表示。

甚麼是天體的角距？

天體的角距是表示天體之間距離的單位，即兩個天體在觀測者眼裏所張的角度。

甚麼是星空量天尺？

在茫茫星空，判斷天體之間的距離是比較困難的，所幸我們伸出去的手指手掌有大約的角距值，可以方便地作為量測角距的工具，雖然不那麼精確，但對指星、認星幫助很大。

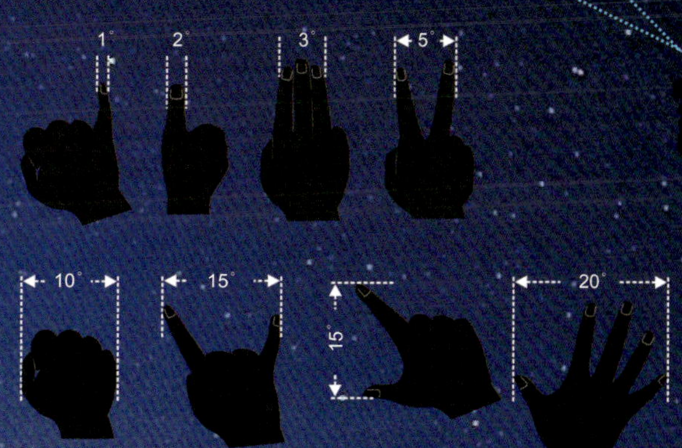

甚麼是視差？

視差是從有一定距離的兩個點上觀察同一個目標所產生的方向差異。從目標看兩個點之間的夾角，叫做這兩個點的「視差角」，兩點之間的連線稱作「基線」。只要知道視差角度值和基線長度，就可以計算出目標和觀測者之間的距離。天體的視差愈大，距離愈近；視差愈小，距離愈遠。

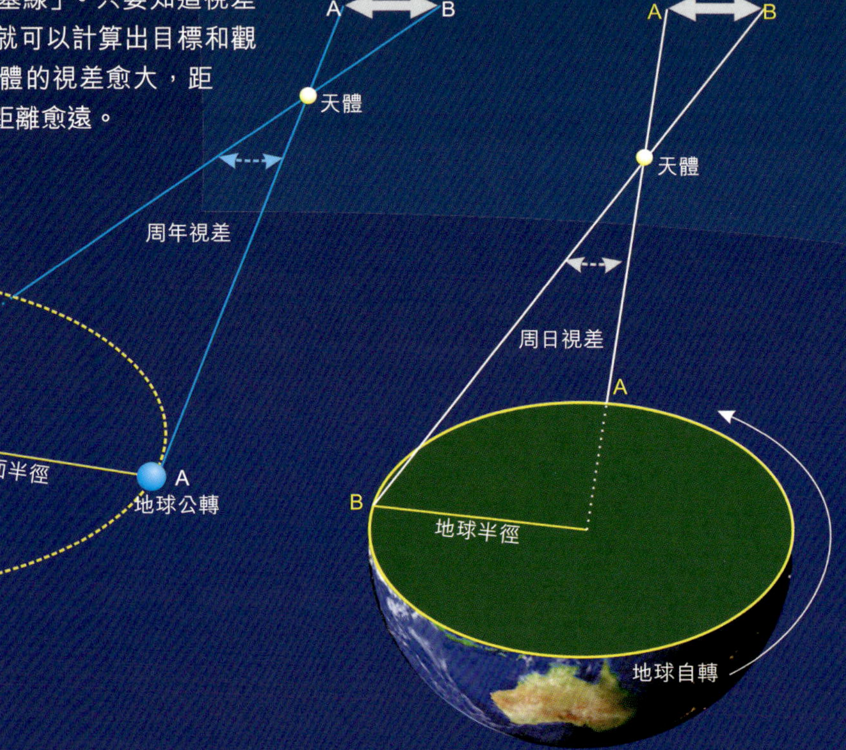

甚麼是周日視差？

周日視差是指地球自轉或天體周日視運動所產生的視差。在測定太陽系內一些天體的視差時，以地球的半徑作為基線，所測定的視差稱為「周日視差」。

甚麼是周年視差？

周年視差是地球繞太陽周年運動所產生的視差，即地球和太陽間的距離在恆星處的張角。地球的公轉使得觀測者發生位移，使得恆星在天球上的位置發生改變，產生了周年視差。在測定恆星的視差時，以地球和太陽之間的平均距離作為基線。

左右眼視差

閉上左眼用右眼看，伸出一根手指指向一顆星星，然後閉上右眼，用左眼看這個物體，會發現手指的位置有了變化，這就是左、右眼分別看同一物體的視差。

甚麼是緯度視差？

緯度視差就是觀測者所處的緯度不同而產生的觀測視差。太陽東升西落，站在北半球要面向南觀看太陽，左手邊升起，右手邊落下；而站在南半球要面向北觀看太陽，右手邊升起，左手邊落下，南北半球相反。

日食觀測視差

對於北半球的觀測者來說，發生日食時，月面是從右邊切入太陽的；而對於南半球的觀測者來說，月面則是從左邊切入太陽。月食、行星凌日的現象類似，也是南北半球的視差方向相反。

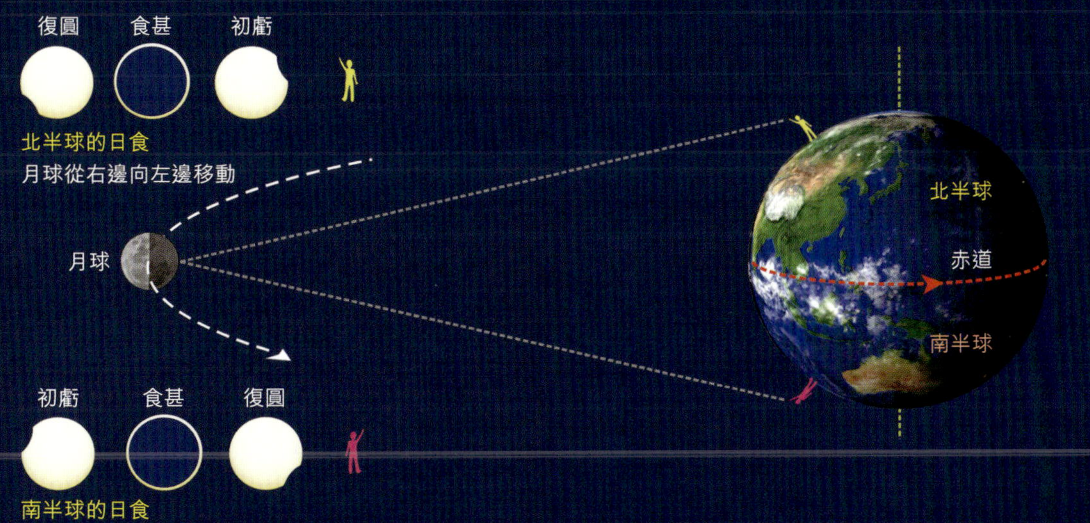

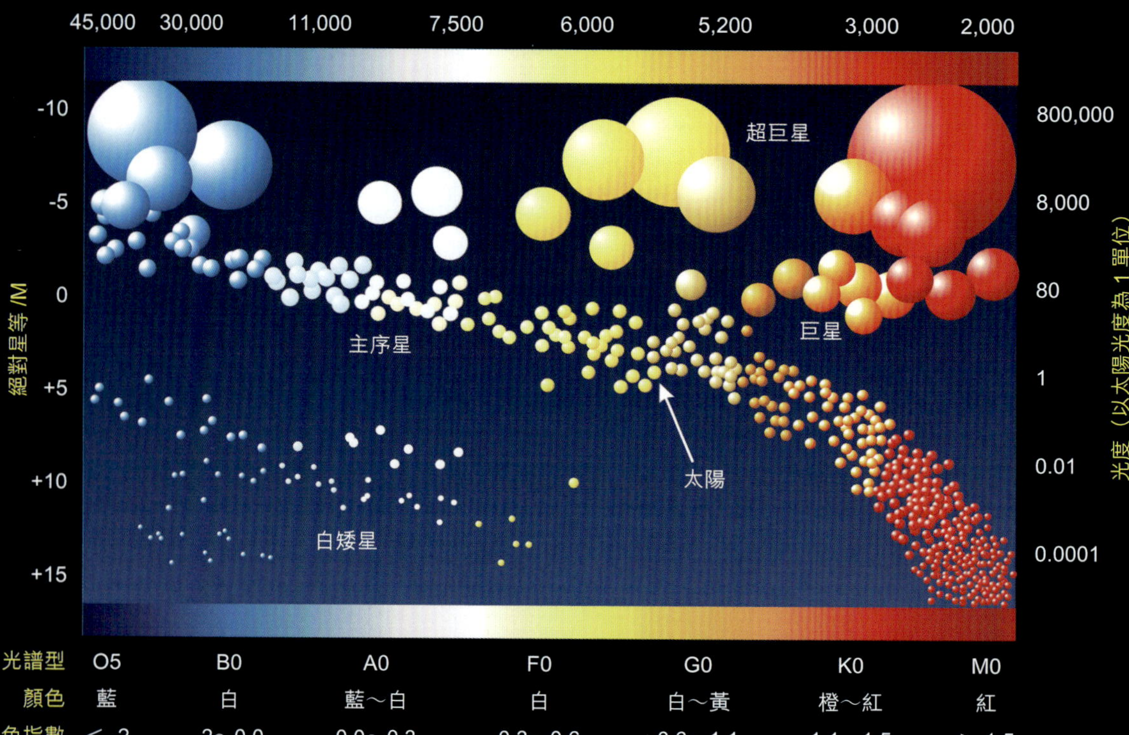

表面溫度 /K
45,000
30,000
11,000
7,500
6,000
5,200
3,000
2,000
絕對星等 /M
-10
-5
0
+5
+10
+15
光度（以太陽光度為 1 單位）
800,000
8,000
80
1
0.01
0.0001
超巨星
巨星
主序星
太陽
白矮星
光譜型
O5
B0
A0
F0
G0
K0
M0
顏色
藍
白
藍～白
白
白～黃
橙～紅
紅
色指數
< -2
-2～0.0
0.0～0.3
0.3～0.6
0.6～1.1
1.1～1.5
> 1.5

電磁波譜

以任何一種形式展示電磁輻射強度與波長之間的關係，叫做「電磁波譜」。

可見光

可見光是電磁波譜中可被肉眼感應到的那部分電磁波。

光的色散

光的色散是指複色光分解為單色光而形成光譜的現象。牛頓最先利用棱鏡片觀察到光的色散，把白光分解為彩色光帶（光譜）。

由於棱鏡對各種頻率的光具有不同的折射率、不同的偏折，因而光在穿過棱鏡後形成光譜，產生自紅到紫循環排列的彩色連續光譜。

紅光頻率最低，偏折最少，在光譜中處於頂端；紫光的頻率最高，折率最大，在光譜中排在底端。

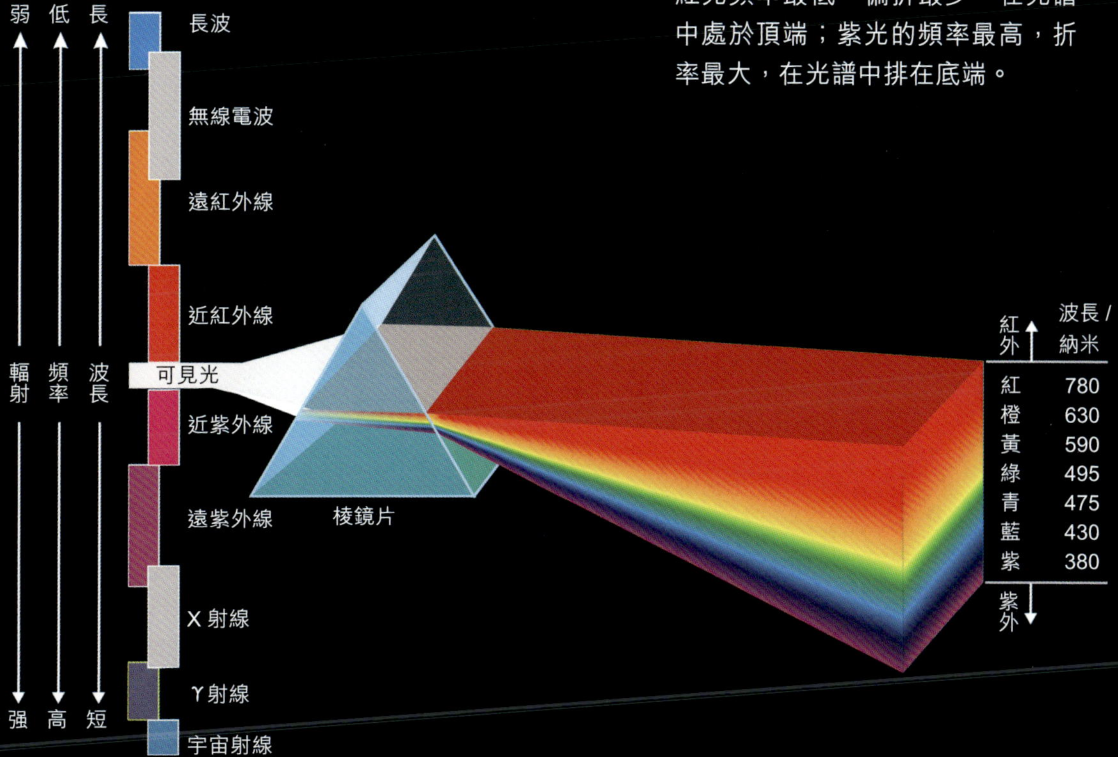

68.3%
暗能量

26.8%
暗物質

宇宙是由甚麼組成的？

宇宙是由暗能量、暗物質和少量原子組成。天文學家通過研究表明，宇宙可能由約68.3% 的暗能量、26.8% 的暗物質、4.07% 的游離氫和氦元素、0.5% 的恆星物質、0.3% 的重元素、0.03% 的中微子及微小的輻射等組成。

宇宙是膨脹的嗎？

天文學家發現，目前宇宙正在加速膨脹，暗能量是這種加速膨脹的原因。暗能量趨向於把宇宙排斥、散開，而暗物質則是趨向於將宇宙合在一起。

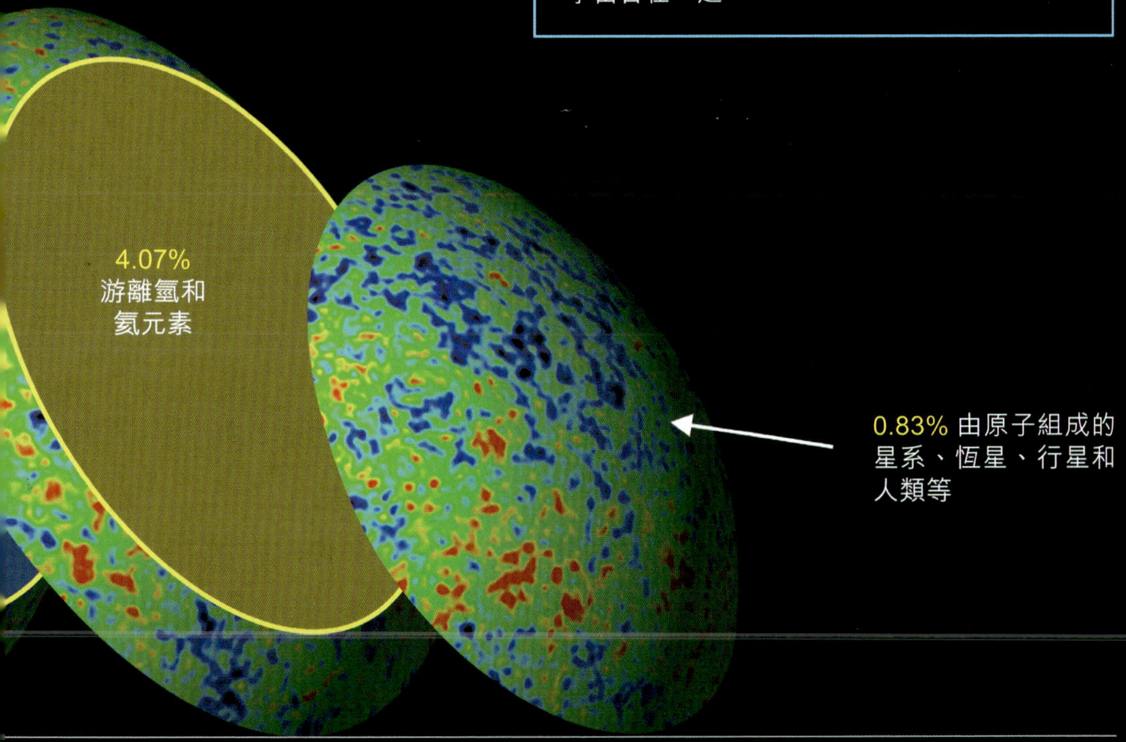

天體系統是如何分級的？

天體系統從大到小的分級為：可觀測的宇宙（舊稱「總星系」）、超星系團、星系團 / 群、星系、行星系、衛星系。我們的太陽系是一個行星系，地球與月球是一個衛星系。

甚麼是超星系團？

超星系團是由若干星系團聚在一起，構成更高一級的天體系統，又名「二級星系團」。

甚麼是星系團 / 群？

星系團 / 群是由幾十個、幾百個甚至上萬個星系，通過引力作用聚集在一起的集團 / 群。本星系團，是地球所在的星系團，距離大約 5,900 萬光年，位置處於室女座方向，擁有約 2,000 個星系。

銀河系所在的本地群只是這個集團的外圍成員之一。

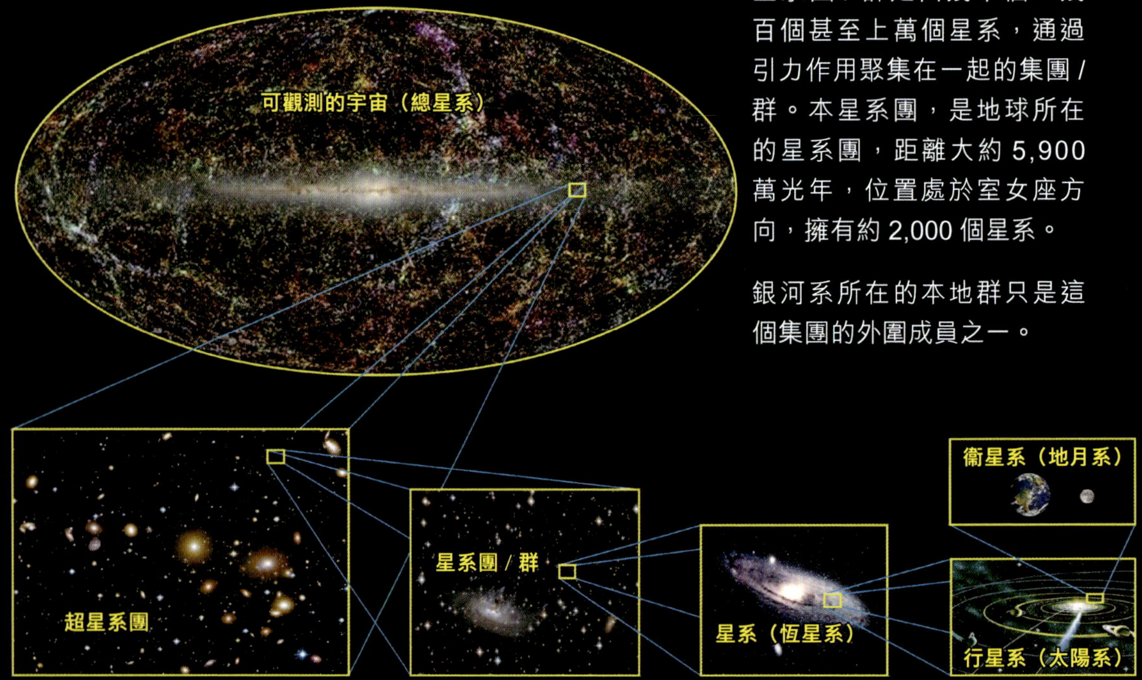

甚麼是暗能量？

暗能量是指由天文觀測推斷存在的一種溢於宇宙空間的、具有負壓強的能量。這種負壓強類似一種反引力的能量形式，是解釋宇宙加速膨脹和宇宙中失落物質等問題的主流說法。

暗能量約佔據宇宙質能的 68.3%。

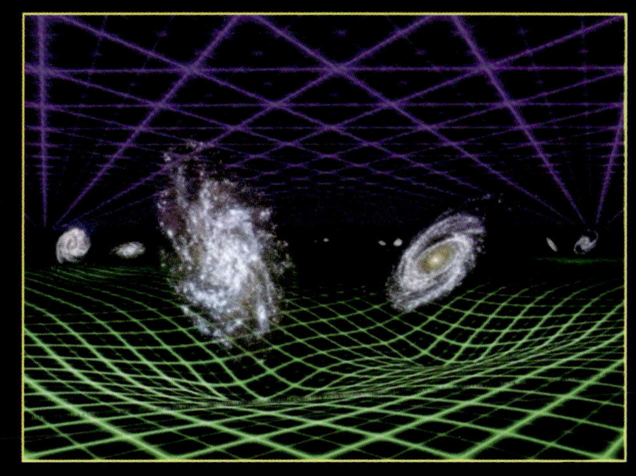

暗能量（紫色網格代表暗能量，綠色網格代表引力）

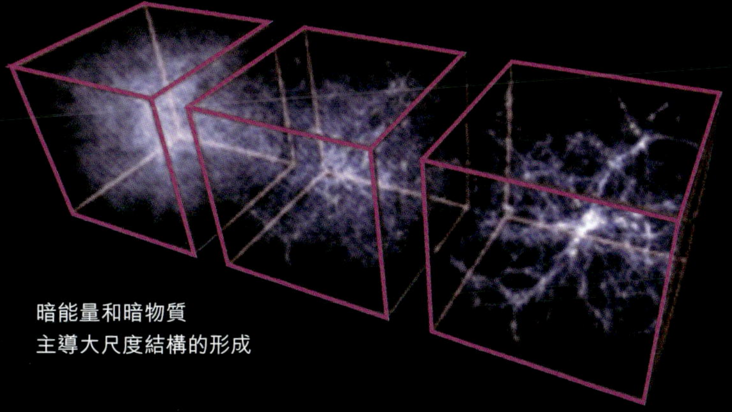

暗能量和暗物質
主導大尺度結構的形成

暗能量的特點

暗能量的特點是具有負壓，在宇宙空間幾乎均勻分佈或完全不結團。它是一種未知的負壓物質，具有物質的作用效應而不具備物質的基本特徵。

暗能量對宇宙的影響

暗能量與光會產生一些中和作用，作用域為同級暗能量的分佈範圍。當暗能量與光反應時，會對作用域的時間產生影響。由於宇宙空間不斷發生中和反應，作用域內物質的質量在不斷減小，致使物質的引力減小，出現宇宙膨脹。

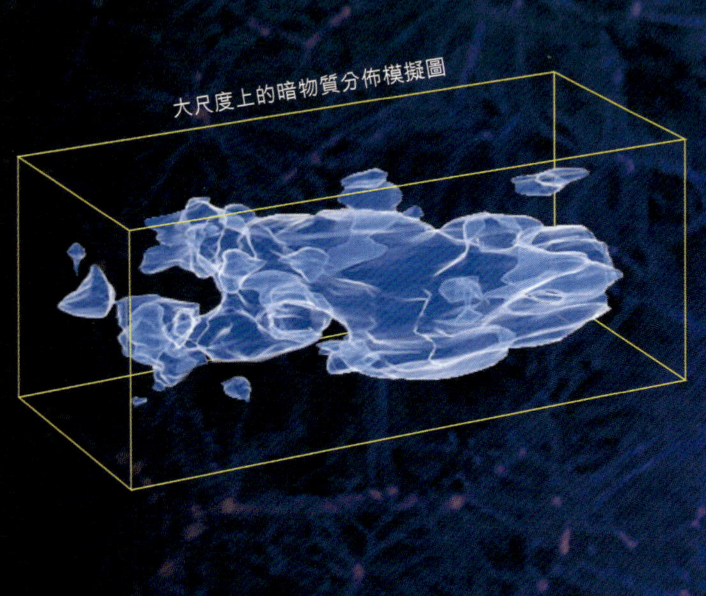
大尺度上的暗物質分佈模擬圖

包圍着地球的暗物質細絲模擬圖

甚麼是暗物質？

暗物質是指由天文觀測推斷存在於宇宙中的不發光物質。這類不發光的物質是僅參與引力作用和弱作用，而不參與電磁作用的非重子中性粒子。

暗物質粒子，不帶電荷，不產生電磁波，但是有引力。

暗物質是宇宙的重要組成部分，約佔宇宙物質含量的26.8%。廣義的暗物質還包括我們已知的不發光或輻射微弱的天體，如中子星、棕矮星、彌漫的氣體和塵埃等。

暗物質的觀測

暗物質是無法直接觀測到的，但由於它能干擾星體發出的光波，參與引力作用，它的存在可以通過觀測其他發光天體的運動、圖像等探測到。

暗物質存在的最早證據，來源於對銀河系中心天體繞銀心旋轉速度的觀測。

地圖和星圖的方向

南北相同，東西相反。

甚麼是全天星圖？

全天星圖是指把全天星體按一定的規律，繪製在一張或多張紙上的星圖，也包括電子星圖。

全天星圖分類和特點

目前主要有一天區、兩天區和三天區的全天星圖。相同尺寸的星圖，全天分區愈少，整體感愈好，但星象畸變愈大；反之，分區愈多，整體感愈差，但星象畸變愈小。此外，還有春夏秋冬四天區、八天區和多天區的分頁星圖，甚至有按 88 個星座劃分的星圖冊。

一天區的星圖

星空範圍為北半天球或南半天球星空，分別加赤道以外部分星空。整體感非常好，但非全天星空，細節少，星等高，畸變最大。具體畸變情況為：北半天球或南半天球的中緯度星象稍有畸變，低緯度星象畸變極大，而所加的赤道以外星象畸變超大。

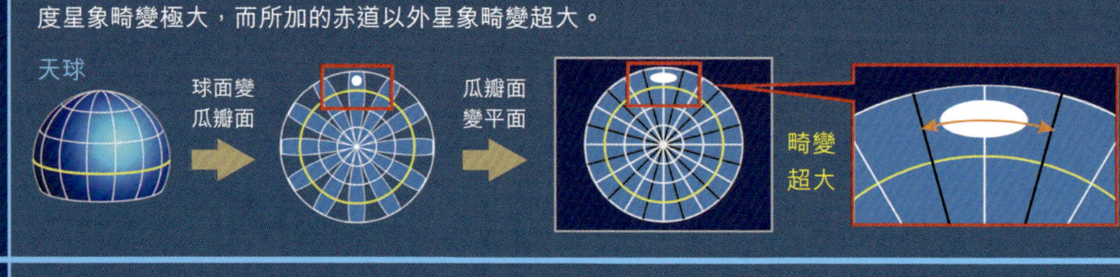

兩天區的星圖

星空範圍為北半天球和南半天球分開的兩片星空。整體感好，為全天星空，但細節較少，星等偏高，畸變較大。具體畸變情況為：中緯度星象稍有畸變，低緯度星象畸變較大。

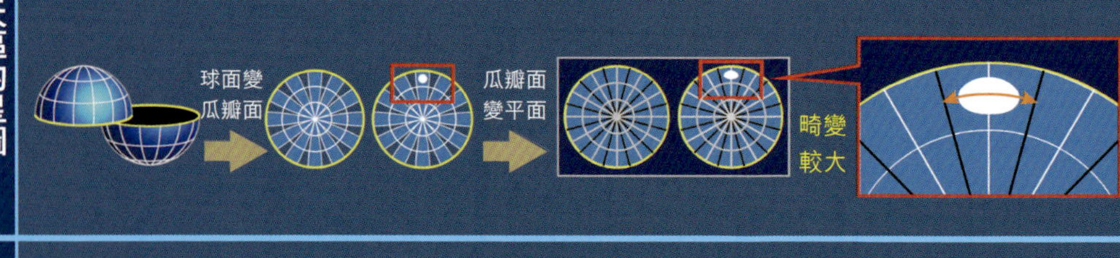

三天區的星圖

星空範圍為北天、南天和天赤道分開的三片星空。整體感差，但為全天星空，細節多，星等低，畸變小，只有在中緯度區域星象稍有畸變。

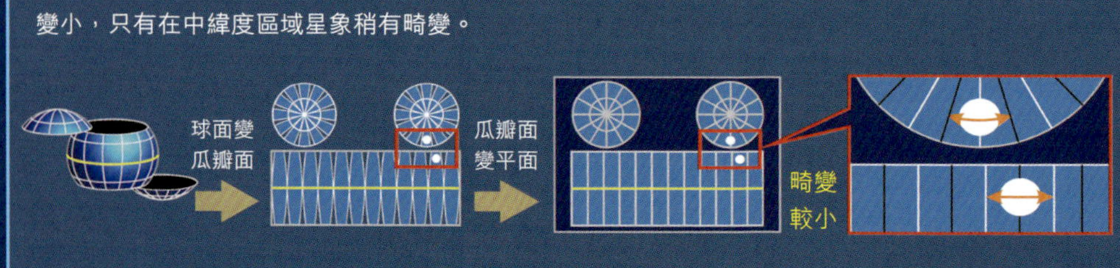

開普勒定律及二體問題

開普勒第一定律

也稱「橢圓定律」、「軌道定律」，太陽系中每一顆行星都以橢圓形軌道圍繞太陽運行，而太陽則處於對應橢圓曲線的其中一個焦點。

開普勒第二定律

也稱「等面積定律」，在相等的時間內，太陽和運動着的行星連線所掃過的面積都是相等的。行星愈接近太陽，運行的速度愈快。

開普勒第三定律

即周期定律，太陽系中每一顆行星繞太陽公轉周期的平方，與它們橢圓軌道的半長軸立方成正比。

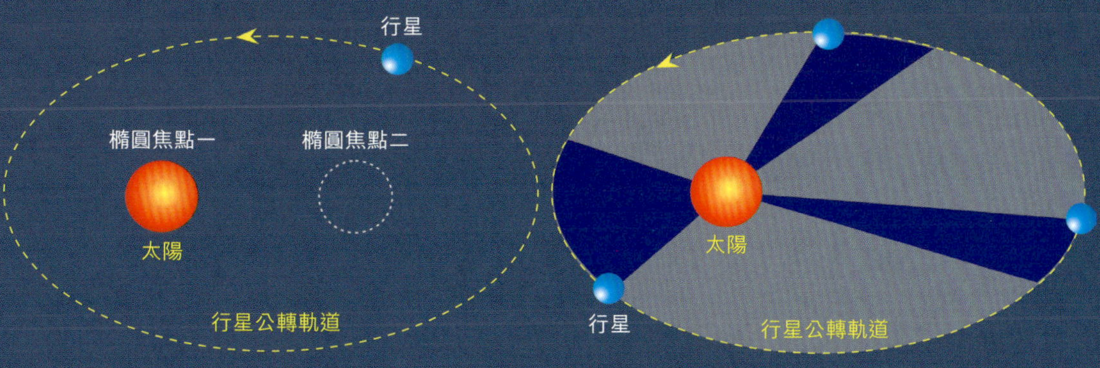

二體問題

兩個天體在相互引力作用下的運動問題。球狀天體可以看成質點，相互之間的距離比起它們的直徑大得多的天體也可以看成質點。在太陽系中天體的運動軌道是橢圓曲線的一種，並遵循開普勒定律。

三體問題

三個天體（看成質點）在相互引力作用下的運動問題。如研究地球運動，除太陽外還要考慮另外一顆行星對它的引力，便形成三體問題。三體問題極其複雜，迄今尚未完全解決。

多體問題

多個（三個或三個以上）天體（看成質點）在相互引力作用下的運動問題。

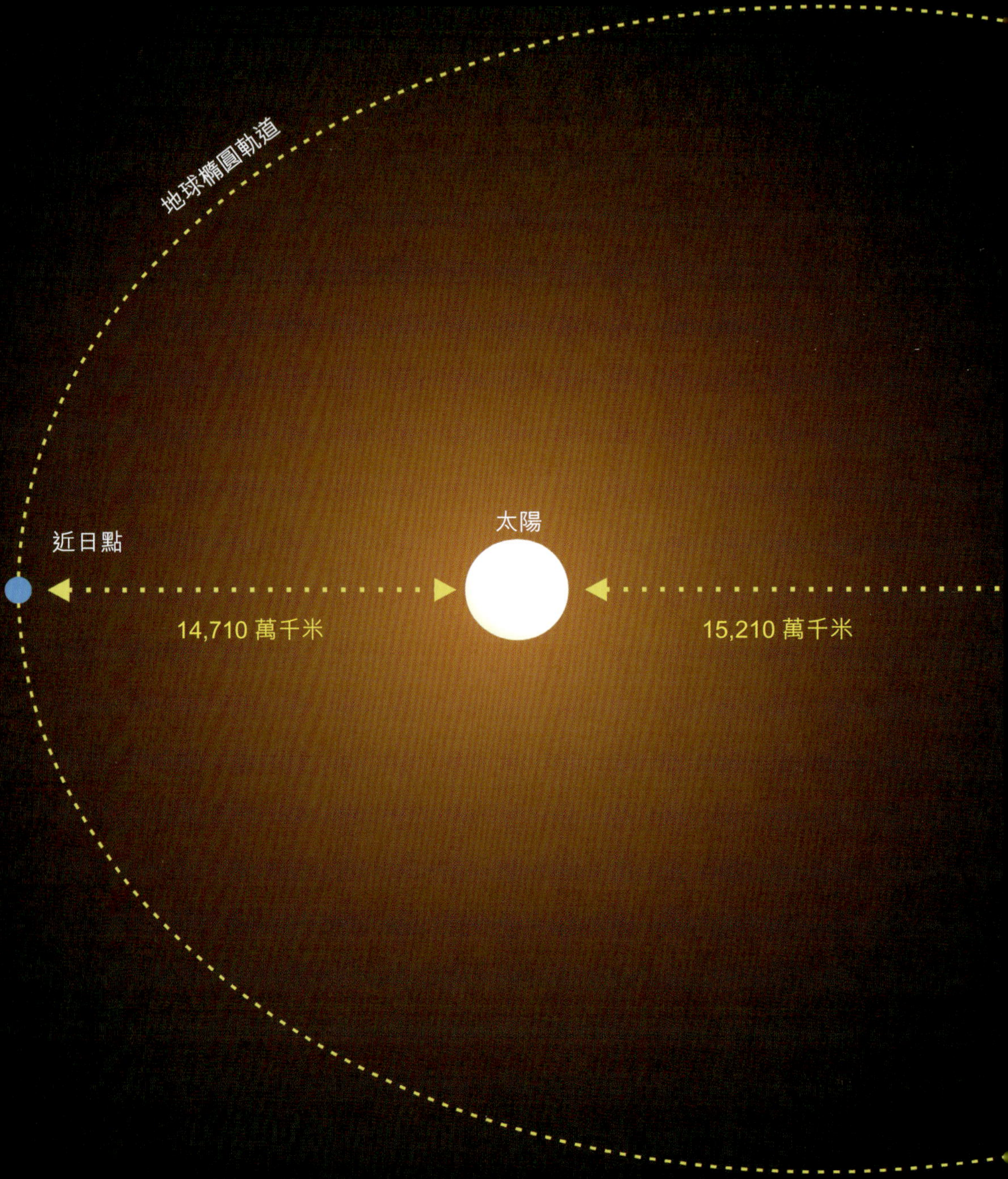

地球橢圓軌道

太陽

近日點

14,710 萬千米

15,210 萬千米

甚麼是近日點和遠日點？

近日點是指天體繞太陽運行距離太陽最近的點，反之，距離太陽最遠的點便是遠日點。天體到達近日點時公轉速度最大，到達遠日點時公轉速度最小。

地球近日點是每年公曆 1 月初或冬至後一旬左右，遠日點是每年公曆 7 月初或夏至後一旬左右。

甚麼是近地點和遠地點？

近地點是指月球繞地球運行離地心最近的點，反之，距離地心最遠的點為遠地點。近地點和遠地點在橢圓軌道的長軸兩端，近地點的日期從農曆初一至三十任何一天都有可能。

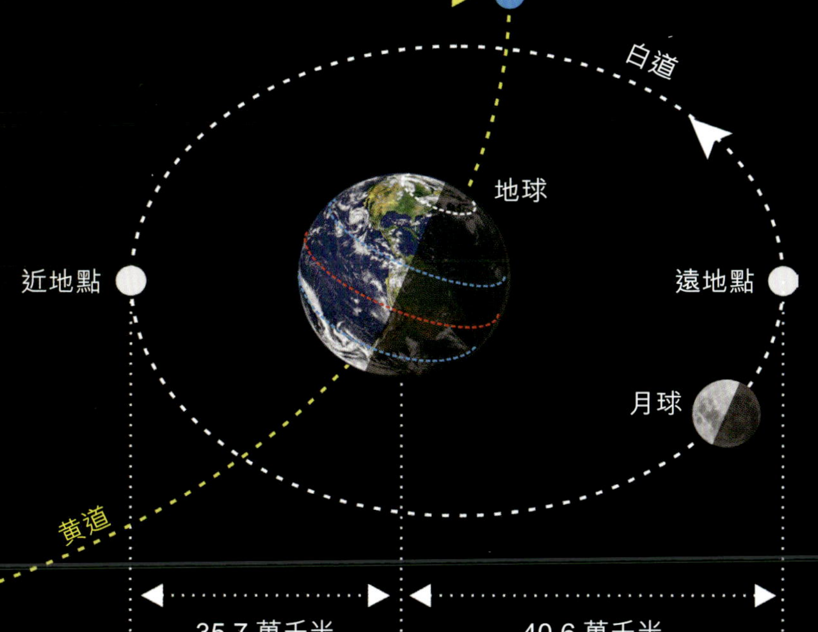

甚麼是星等？

星等是表示天體相對亮度強弱的等級。

如何表示星等等級？

目視星等用數值表示，星等的數值愈小，星光愈亮。目視星等和絕對星等都遵循普森定律，即每差 1 星等，亮度相差 2.512 倍。

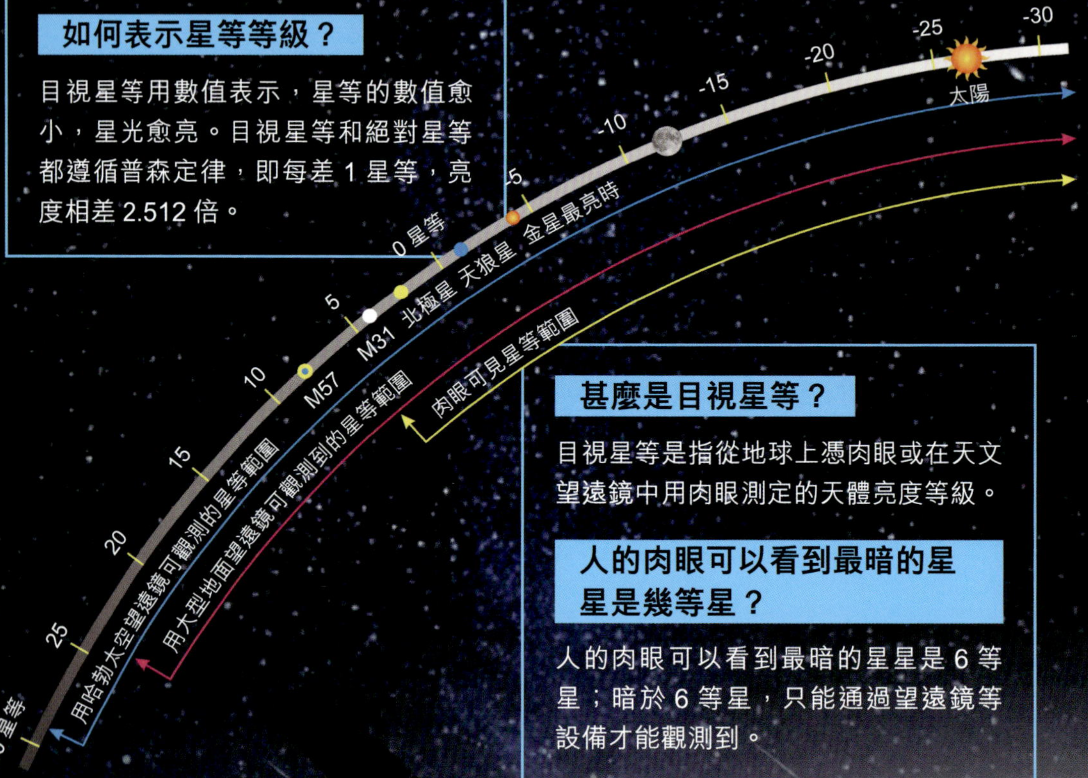

30 星等
25
20
15
10
5
0 星等
-5
-10
-15
-20
-25
-30
M57
M31
北極星
天狼星
金星最亮時
太陽
用哈勃太空望遠鏡可觀測的星等範圍
用大型地面望遠鏡可觀測到的星等範圍
肉眼可見星等範圍

甚麼是目視星等？

目視星等是指從地球上憑肉眼或在天文望遠鏡中用肉眼測定的天體亮度等級。

人的肉眼可以看到最暗的星星是幾等星？

人的肉眼可以看到最暗的星星是 6 等星；暗於 6 等星，只能通過望遠鏡等設備才能觀測到。

將所有天體看似附在以地球或太陽為中心的無限大假想圓球面上，而這個假想球稱為「天球」。天球分為地心天球和日心天球。

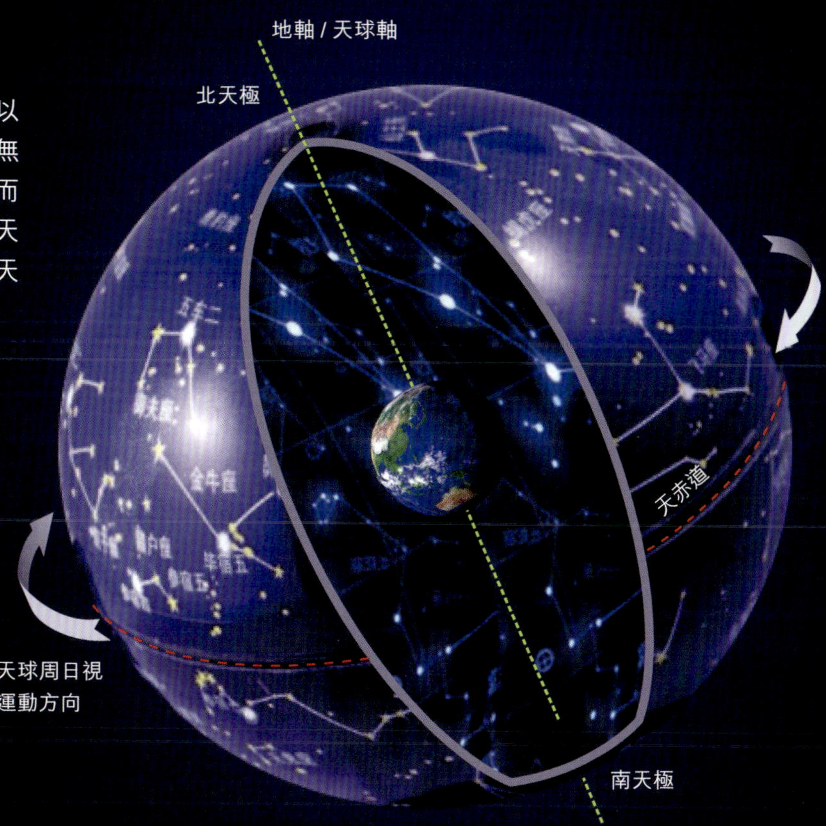

天球儀

天球儀是一種天文教學儀器，在一可繞軸轉動的圓球上繪有星座、黃道、赤道及赤經圈、赤緯圈等，用以幫助初學者認識星空。天球儀演示是順時針旋轉的，這是因為地球是自西向東逆時針旋轉，於是造成天球反向旋轉的運動現象。

天球儀有多種多樣，小型天球儀上的星座天體被繪製在天球儀表面，因此在「天球」外面觀測的星空與在地球上看的星象相反。而有些大型天球儀上的星座天體被繪製在天球儀的裏面，類似模擬星空穹頂或天象儀，因此在「天球」裏面觀測的星空與日常觀測的星象相同。

宇宙速度

宇宙速度是指從地球表面向宇宙空間發射人造地球衛星和行星際、恆星際等飛行器所需的最低速度。人類製造的飛行器已經達到了第三宇宙速度。此外，還有第四、第五、第六物理假設速度說。

光速約每秒 30 萬千米，是所有物質運動速度的上限。這是宇宙的基本法則之一。

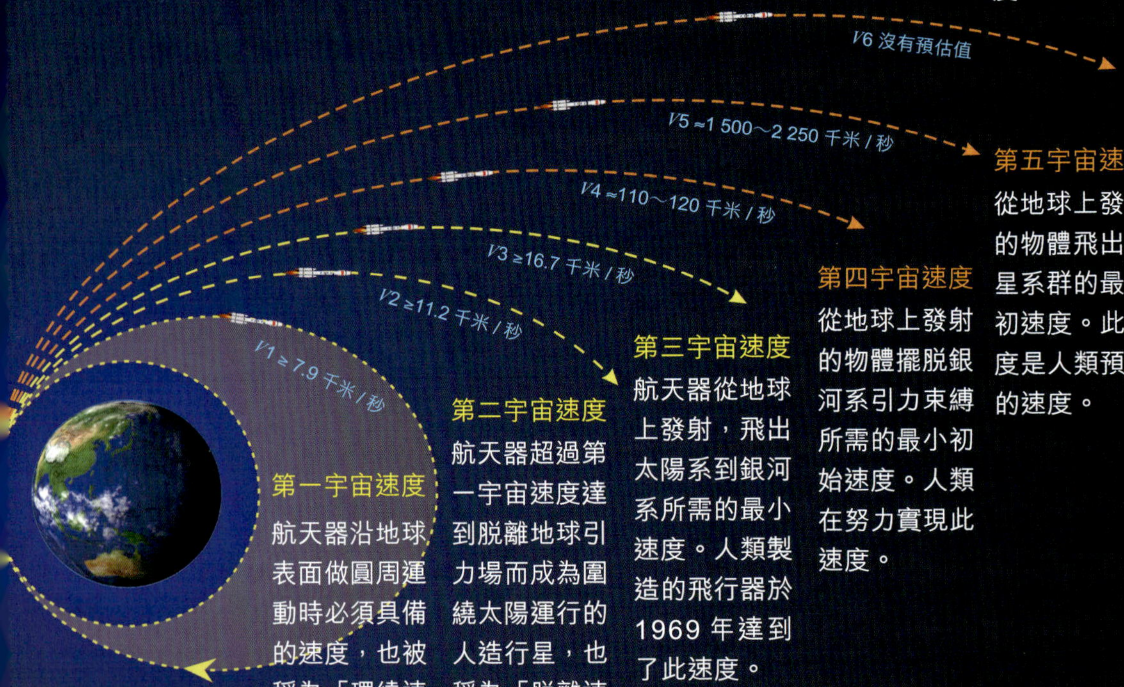

V6 沒有預估值

V5 ≈1 500～2 250 千米 / 秒

V4 ≈110～120 千米 / 秒

V3 ≥16.7 千米 / 秒

V2 ≥11.2 千米 / 秒

V1 ≥ 7.9 千米 / 秒

第一宇宙速度

航天器沿地球表面做圓周運動時必須具備的速度，也被稱為「環繞速度」。人類製造的飛行器於 1948 年達到了此速度。

第二宇宙速度

航天器超過第一宇宙速度達到脫離地球引力場而成為圍繞太陽運行的人造行星，也稱為「脫離速度」。人類製造的飛行器於 1955 年達到了此速度。

第三宇宙速度

航天器從地球上發射，飛出太陽系到銀河系所需的最小速度。人類製造的飛行器於 1969 年達到了此速度。

第四宇宙速度

從地球上發射的物體擺脫銀河系引力束縛所需的最小初始速度。人類在努力實現此速度。

第五宇宙速度

從地球上發射的物體飛出本星系群的最小初速度。此速度是人類預估的速度。

第六宇宙速度

從地球上發射的物體可以脫離全宇宙的引力束縛的速度。目前人類無法預估此速度。

三、認識望遠鏡

甚麼是天文望遠鏡？

天文望遠鏡是一種通過接收天體發出的可見光和不可見光的各種輻射波，來觀察天體的儀器。

天文望遠鏡分為哪幾類？

天文望遠鏡包括在可見光波段下工作的光學望遠鏡，和在非可見光波段下工作的射電望遠鏡、紅外線望遠鏡、紫外線望遠鏡、X 射線望遠鏡、γ射線望遠鏡等。

無線電波
紅外線
可見光
觀測衛星
紫外線
X射線
γ射線
觀測衛星
射電望遠鏡
光學望遠鏡
大氣

光學望遠鏡是由哪些構件組成的？

光學天文望遠鏡是一種通過接收天體發出的可見光輻射來觀察天體的儀器。它主要由物鏡、目鏡、鏡筒、支架及配件組成。

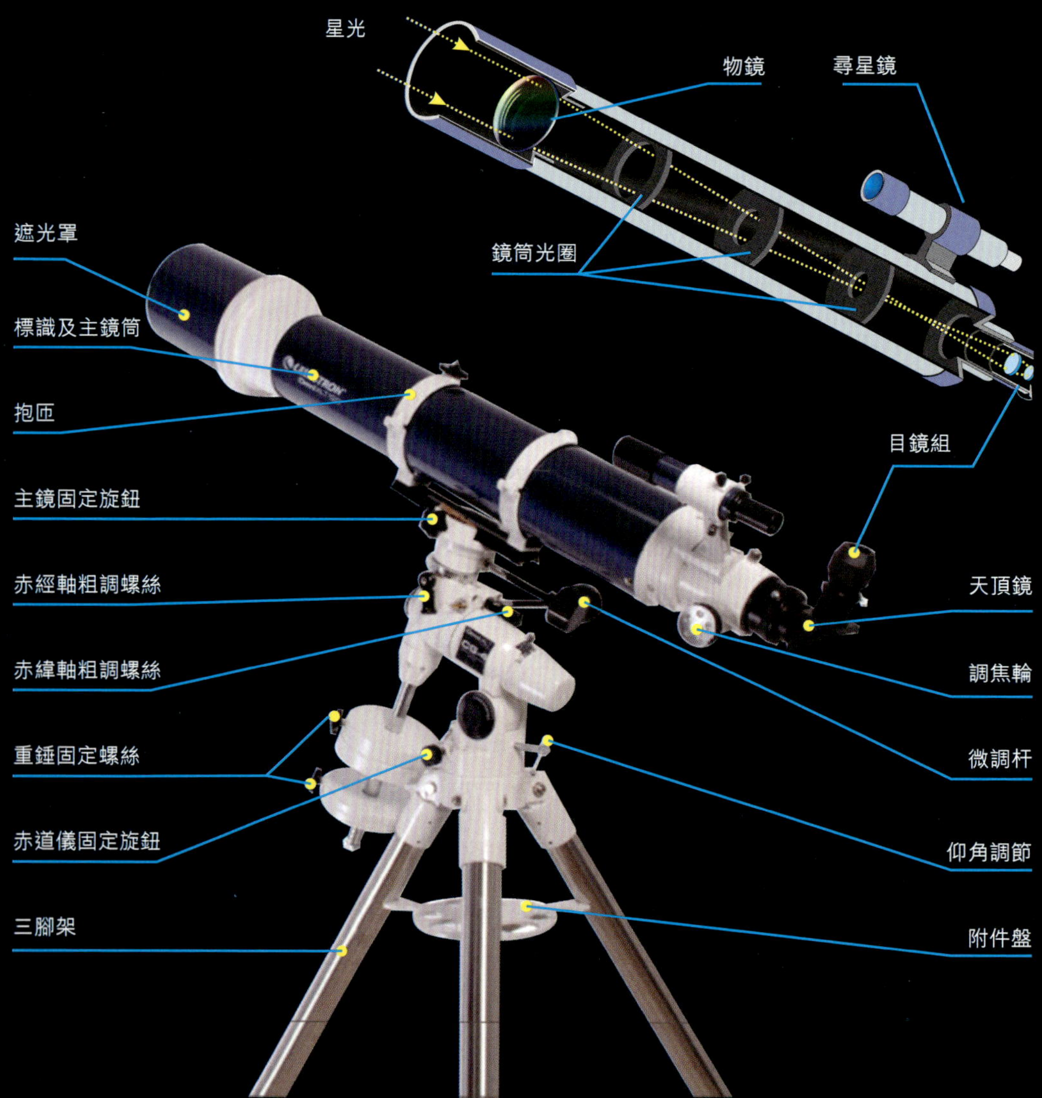

甚麼是望遠鏡的赤道儀？

由於地球自轉，在地球上用望遠鏡觀測天體，就會發現天體不停地移出鏡頭，望遠鏡倍率愈高移動愈明顯。為實現天體追蹤觀測，抵消地球自轉的影響，會在望遠鏡上安裝反自轉方向的儀器——赤道儀。

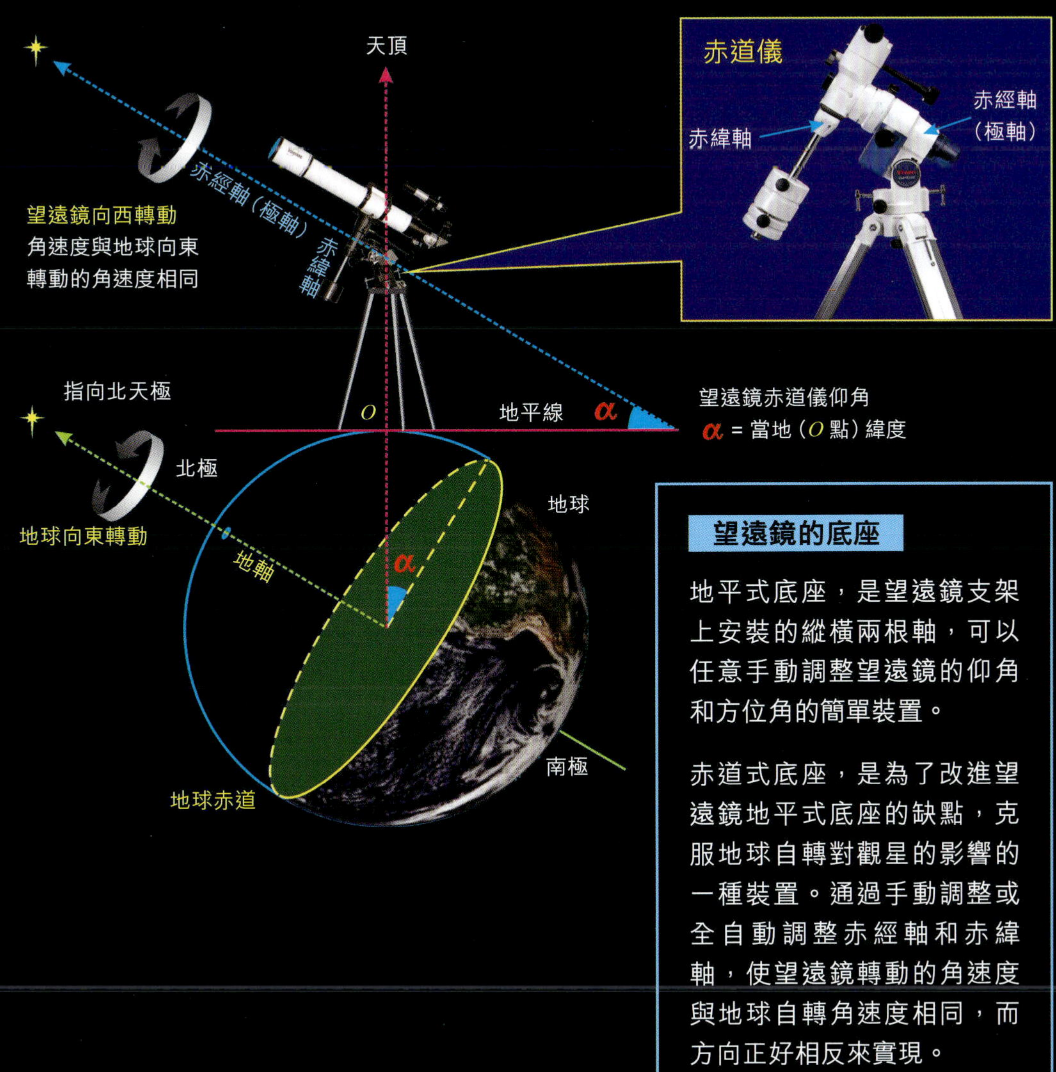

望遠鏡的底座

地平式底座，是望遠鏡支架上安裝的縱橫兩根軸，可以任意手動調整望遠鏡的仰角和方位角的簡單裝置。

赤道式底座，是為了改進望遠鏡地平式底座的缺點，克服地球自轉對觀星的影響的一種裝置。通過手動調整或全自動調整赤經軸和赤緯軸，使望遠鏡轉動的角速度與地球自轉角速度相同，而方向正好相反來實現。

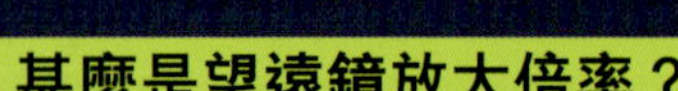

甚麼是望遠鏡放大倍率？

光學望遠鏡的放大倍率，是物鏡焦距除以目鏡焦距，是物體視大小的放大比率。

高倍率望遠鏡，放大的物體看起來較大、較近，適合觀測月球、行星以及較近的雙星。

低倍率望遠鏡，低放大倍率和短焦距提供更寬闊的視野，適合觀測分散的天體。

如目鏡焦距相同，則短焦距望遠鏡能提供較寬闊的視野，但放大倍率也較低。通過更換目鏡可以改變望遠鏡的放大倍率，但望遠鏡的放大倍率是有限制的，即不能超過口徑單位數值的兩倍，即使是大型望遠鏡，倍率也極少超過 500 倍，一般都在 100 至 200 倍。

大型望遠鏡不是把天體放得更大，而是提供一個較明亮和較清晰的影像，這一般是通過加大望遠鏡口徑來實現的。

甚麼是望遠鏡的焦比？

天文望遠鏡的焦比，又稱「相對口徑」，即用望遠鏡的焦距除以口徑，得出焦比。焦距是收集光線的物鏡表面到焦點的距離，以毫米表示。

目鏡相同的條件下，長焦比放大比例大，但視野小；中焦距望遠鏡可以兼顧高放大比率和寬視野。

焦比分為哪幾類

望遠鏡的焦比分類如下：

1. 長焦比望遠鏡，焦比 > f/10。
2. 中焦比望遠鏡，焦比為 f/5、f/6、f/7、f/8。
3. 短焦比望遠鏡，焦比為 f/2、f/4。

光學望遠鏡分為哪幾類？

光學望遠鏡分為折射式望遠鏡、反射式望遠鏡和折反射式望遠鏡三大類。

望遠鏡的大小有區別嗎？

望遠鏡的大小，通常是指望遠鏡的口徑大小，口徑大小不同對觀測星空的體驗是不同的。通常物鏡的口徑愈大，收集的光線愈多，看到的星星愈多，觀測到的天體細節愈多愈清晰。反之，望遠鏡的口徑愈小，看到的星星愈少，觀測到的天體細節愈少愈不清晰。

望遠鏡的口徑及其極限星等

望遠鏡的極限星等主要與望遠鏡的口徑有關。物鏡的口徑愈大，所能觀測的星等愈暗。

物鏡口徑	極限星等	物鏡口徑	極限星等	物鏡口徑	極限星等	物鏡口徑	極限星等
50 毫米	10.1 等	125 毫米	14.2 等	300 毫米	16.1 等	500 毫米	17.2 等
75 毫米	11.1 等	150 毫米	14.6 等	350 毫米	16.5 等	600 毫米	17.6 等
60 毫米	13.1 等	200 毫米	15.2 等	400 毫米	16.7 等	750 毫米	18.1 等
100 毫米	13.7 等	250 毫米	15.7 等	450 毫米	17.0 等	900 毫米	18.5 等

三種光學望遠鏡比較表

種類	成像原理和適用	望遠鏡光路圖
折射式望遠鏡	**成像原理：**透鏡屈光成像 **適於觀測：**月亮、行星、雙星 **不適合觀測：**星雲、星系等暗天體	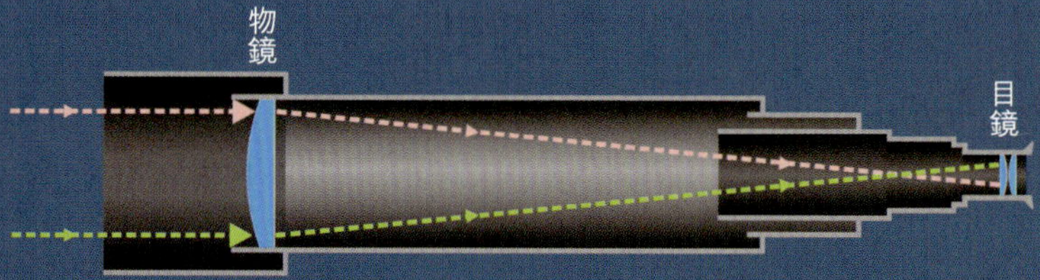
反射式望遠鏡	**成像原理：**曲面鏡反射收光成像 **適合觀測：**行星、月亮 **不適合觀測：**深空天體	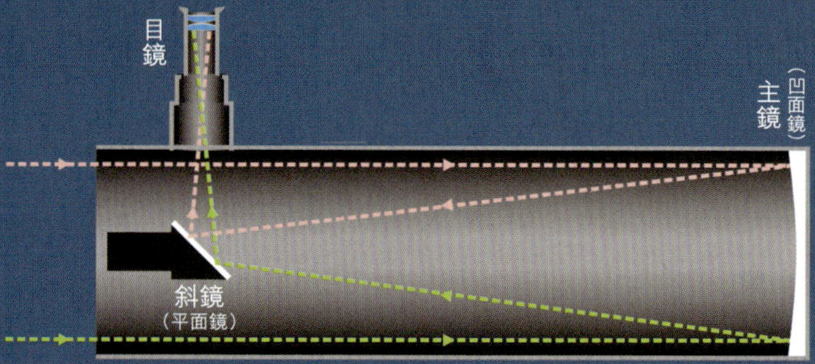
折反射式望遠鏡	**成像原理：**折射與反射結合收光成像 **適合觀測：**所有天體，以及天體的拍攝	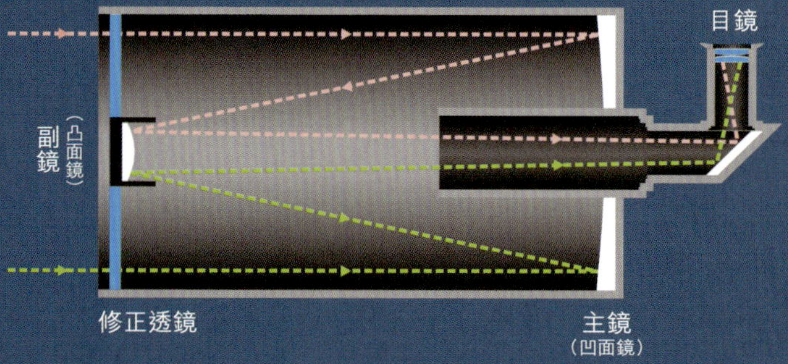

	優點	缺點
	1. 成像的反差較大，物鏡口徑沒有任何遮擋，入射光線不會發生衍射、散射。 2. 易於保養，透鏡不需要經常鍍膜，鏡筒通常毋須調整准直。 3. 不用過多維護，透鏡固定在鏡筒中，光軸不太容易偏離，也不容易損壞。 4. 外形設計流暢，小口徑便於攜帶。 5. 目鏡位置觀測方便，容易定位目標。 6. 高質量的消色差和複消色差望遠鏡在一些方面比反射鏡優越	1. 成像有色差，表現在類似月亮這樣明亮目標的周圍可以看到暗色的彩邊，消色差和複消色差透鏡設計雖然克服了色差，但價格昂貴。 2. 長焦距則需要長的鏡筒，風或低質量支架都會讓望遠鏡晃動而影響觀測體驗。 3. 物鏡愈大，鏡筒會愈長，目鏡的位置就會愈低，在一定程度上造成觀測不方便。 4. 封閉的鏡筒需要較長的時間才能達到周圍環境的溫度。雖然現在的薄壁鋁制鏡筒已經大大縮短了熱平衡所需的周期，但在實際觀測中仍有影響
	1. 沒有色差的困擾。 2. 即使有較大口徑也不會很貴。 3. 強大的焦比能提供廣闊視野。 4. 口徑愈大，聚光效果愈好，清晰度愈好	1. 有光學彗差，需用特別目鏡或校準鏡校正。 2. 多個鏡子的組合會使光線損耗比折射式望遠鏡多。 3. 副鏡存在中心遮擋，導致光的衍射和對比損耗。 4. 望遠鏡愈大愈笨重，目鏡的位置不方便觀測。 5. 鏡面受空氣和灰塵影響，幾年便需要鍍膜維護。 6. 光軸易變化，使用前都需要調整，除非固定安裝。 7. 主鏡較厚，與周圍環境達到熱平衡會很困難
	1. 相對於折射式望遠鏡，相同成本獲得較大口徑。 2. 相對於反射式望遠鏡，相同口徑獲得更長焦距。 3. 鏡筒短但獲得焦距長，易配目鏡獲得高倍率。 4. 能把色差降到最低，有良好的聚光力。 5. 鏡筒密封，減少灰塵影響，延長了使用壽命。 6. 目鏡位置舒適，鏡筒短，易攜帶，適合野外觀測。 7. 維護簡單，幾乎不需要維護	1. 價格昂貴，所謂「一寸口徑一寸金」。 2. 多種鏡子的組合會使光線損耗嚴重。 3. 鏡筒中心裝置阻擋光線，使收光成像變弱。 4. 外形看起來與想像中的望遠鏡不一樣

等。肉眼的極限星等是 6 等星，望遠鏡的極限星等與口徑大小有關。

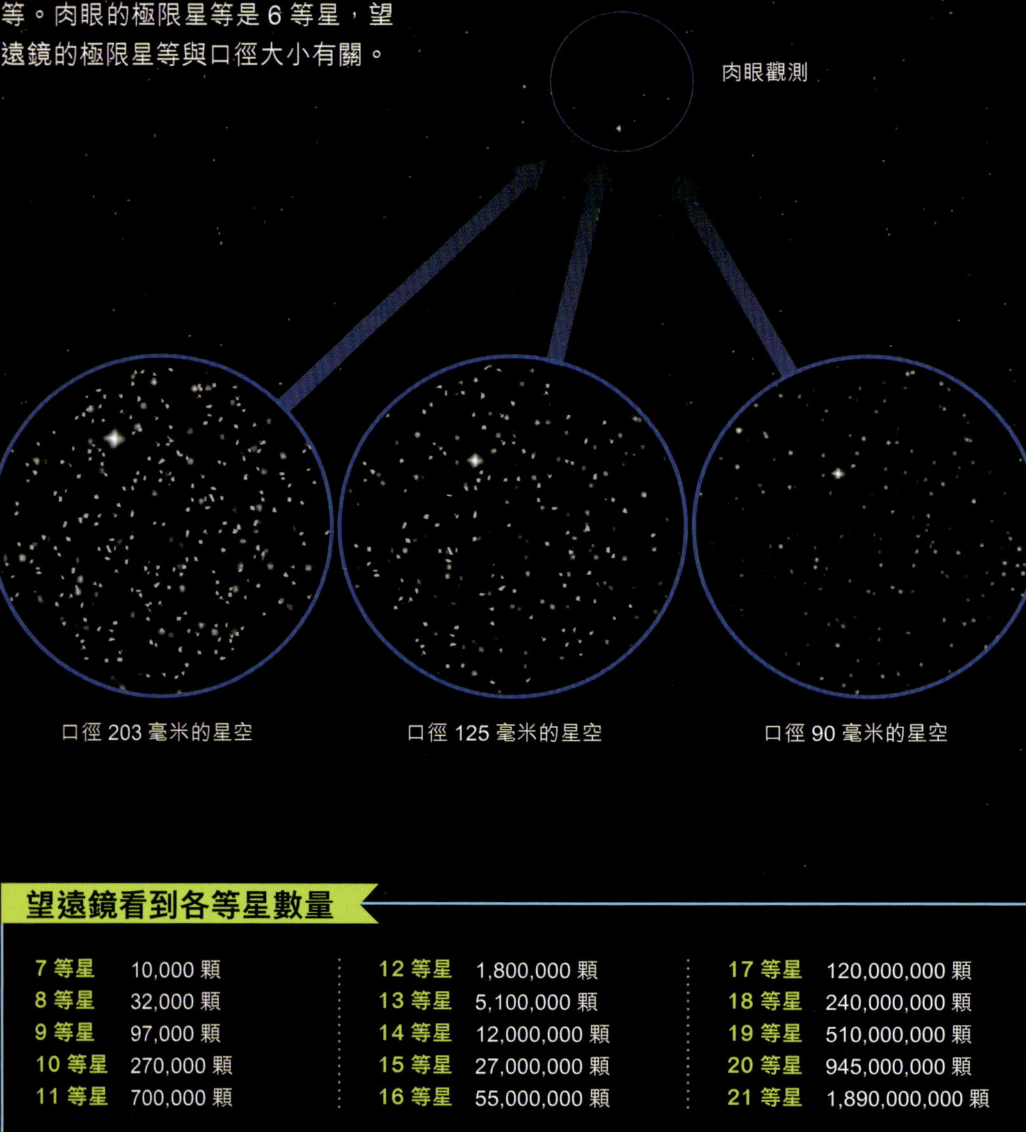

望遠鏡看到各等星數量

星等	數量	星等	數量	星等	數量
7 等星	10,000 顆	12 等星	1,800,000 顆	17 等星	120,000,000 顆
8 等星	32,000 顆	13 等星	5,100,000 顆	18 等星	240,000,000 顆
9 等星	97,000 顆	14 等星	12,000,000 顆	19 等星	510,000,000 顆
10 等星	270,000 顆	15 等星	27,000,000 顆	20 等星	945,000,000 顆
11 等星	700,000 顆	16 等星	55,000,000 顆	21 等星	1,890,000,000 顆

甚麼是望遠鏡的視場？

望遠鏡的視場是指望遠鏡所能看到的最大天空範圍。通常用角度表示，視場角大小決定了望遠鏡的視野範圍，視場角愈大，觀測的範圍愈大，放大的倍率愈小。

視場角為 40° 的視野

視場角為 3° 的視野

眼睛的視場角為 160°

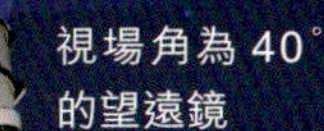

視場角為 40° 的望遠鏡

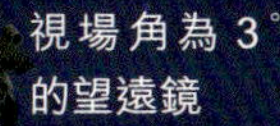

視場角為 3° 的望遠鏡

望遠鏡觀測期待效果和實際效果

期待望遠鏡
看到的恆星

望遠鏡實際
看到的恆星

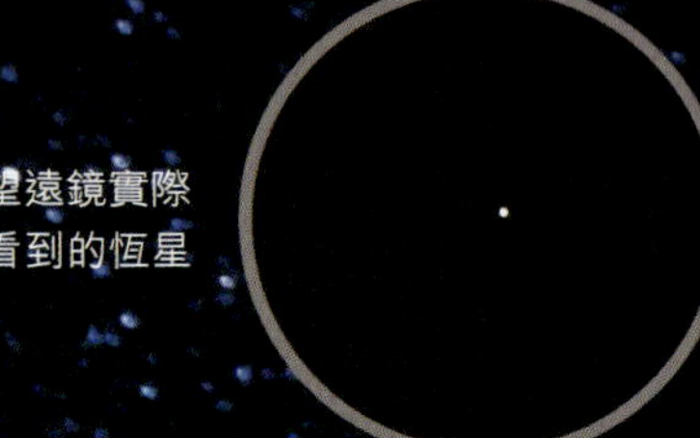

期待望遠鏡
看到的土星

望遠鏡實際
看到的土星

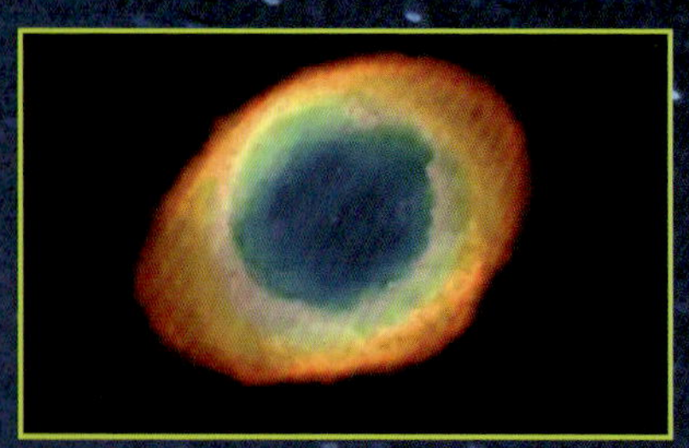

期待望遠鏡
看到的星雲

望遠鏡實際
看到的星雲

期待望遠鏡
看到的星系

望遠鏡實際
看到的星系

各種天文望遠鏡口徑及其適用參考表

望遠鏡種類	折射式、反射式、折反射式								
物鏡口徑	小口徑< 100mm			中口徑 100~200mm			大口徑> 200mm		
焦比	長焦比 >f/10	中焦比 f/5 f/6 f/7 f/8	短焦比 f/2 f/4	長焦比 >f/10	中焦比 f/5 f/6 f/7 f/8	短焦比 f/2 f/4	長焦比 >f/10	中焦比 f/5 f/6 f/7 f/8	短焦比 f/2 f/4
視場	小	中	大	小	中	大	小	中	大
目鏡倍率	低 <30 倍	中 30~100 倍	高 >100 倍	低 <30 倍	中 30~100 倍	高 >100 倍	低 <30 倍	中 30~100 倍	高 >100 倍
體積	小			中			大		
觀測天體	月球、行星、彗星、太陽等較亮的天體。較暗天體通過長時間拍攝才能實現			月球、行星、彗星、太陽及星雲、星系、星團等較暗的深空天體			月球、行星、彗星、太陽及星雲、星系、星團等更暗的深空天體		
觀測效果	月球表面環形山和太陽表面黑子，觀測到的細節一般。木星、土星輪廓小而圖像模糊			月球表面環形山和太陽表面黑子，觀測到的細節多。行星較大，圖像較清晰。深空天體比較暗弱			月球環形山和太陽表面黑子，觀測到的細節多，且能夠觀測到米粒組織。行星很大，圖像清晰。深空天體相對清晰		
價格	不貴，同口徑中反射式較便宜			較貴，同口徑中反射式較便宜			昂貴，同口徑中折射式昂貴，折反射式較貴，反射式低些		
適合人群	入門人群：熟練使用望遠鏡，開始觀星。 高階人群：方便攜帶，適合野外長時間拍攝			進階人群：開始追求觀測效果、開始學習天體拍攝。 高階人群：選擇適合目標拍攝			高階人群：開始追求拍攝效果、開始探索星空奧秘		
配件	主要配件：三腳架、手動或自動的經緯儀或赤道儀、太陽觀測專用巴德膜。 入門觀測：選用手動的經緯儀或赤道儀。 進階觀測：選用自動的經緯儀或赤道儀。 高階觀測和拍攝：選用高質量經緯儀或赤道儀。								

望遠鏡的歷史

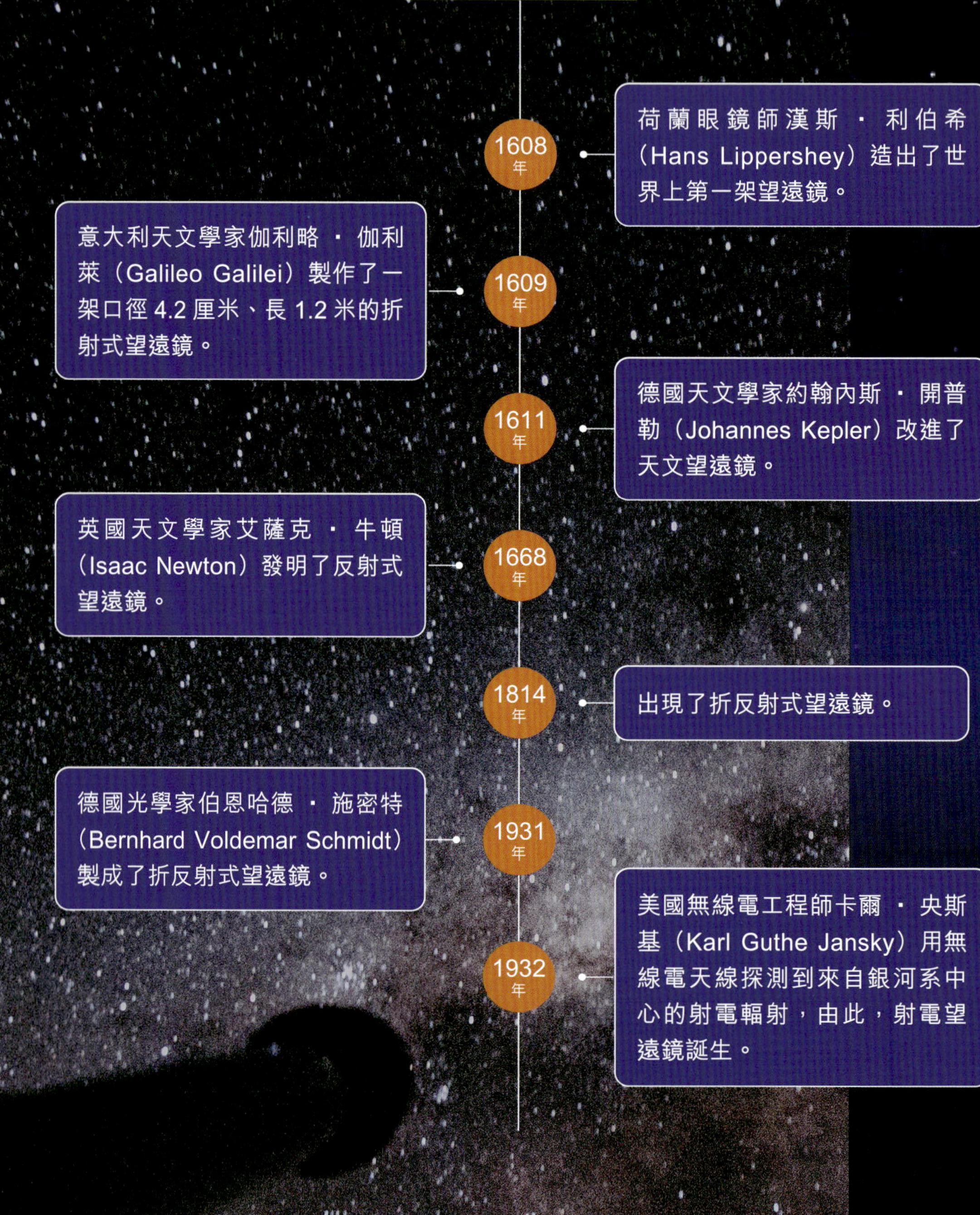

1608年
荷蘭眼鏡師漢斯 · 利伯希（Hans Lippershey）造出了世界上第一架望遠鏡。
1609年
意大利天文學家伽利略 · 伽利萊（Galileo Galilei）製作了一架口徑 4.2 厘米、長 1.2 米的折射式望遠鏡。
1611年
德國天文學家約翰內斯 · 開普勒（Johannes Kepler）改進了天文望遠鏡。
1668年
英國天文學家艾薩克 · 牛頓（Isaac Newton）發明了反射式望遠鏡。
1814年
出現了折反射式望遠鏡。
1931年
德國光學家伯恩哈德 · 施密特（Bernhard Voldemar Schmidt）製成了折反射式望遠鏡。
1932年
美國無線電工程師卡爾 · 央斯基（Karl Guthe Jansky）用無線電天線探測到來自銀河系中心的射電輻射，由此，射電望遠鏡誕生。

四、月球觀測

月球

月球是圍繞地球公轉的一顆自然衛星，是距離地球最近的天體。月球不發光，我們看到的月光，是反射的太陽光。月面基本沒有大氣，沒有水，晝夜溫差極大。
月球總是一面對着地球。

月球觀測包括哪些內容？

月球是我們從小最熟悉的天體，也是觀測最多的天體，幾乎每天抬頭就能夠看到。月球的月面大，明亮而不刺眼，有明暗輪廓，有月牙、半月、滿月的圓缺變化，有無數的美麗傳説。人們對美麗的月亮一直充滿着好奇和遐想。

月球觀測的內容非常豐富。肉眼觀測包括月相、月食、掩星、伴星、合月、月暈、假月、月華、月柱、月虹、橢圓月、月色、灰光等，還可以通過望遠鏡觀測月陸、月海、環形山等月球地貌，以及人造衛星凌月等。

觀測月球，首先要了解月球。

月球的正面

月球的正面是由隕石撞擊形成的月坑、低地、高地等地貌組成，特徵是暗色的月海、亮色的月陸及大大小小的環形山。月陸的面積和月海的面積大致相等。

月球的背面

月球的背面與月球正面的地貌有很大的不同，由高地組成，地形高低懸殊。背面月陸的面積比月海大得多，環形山更多，月殼也比正面月殼厚得多。

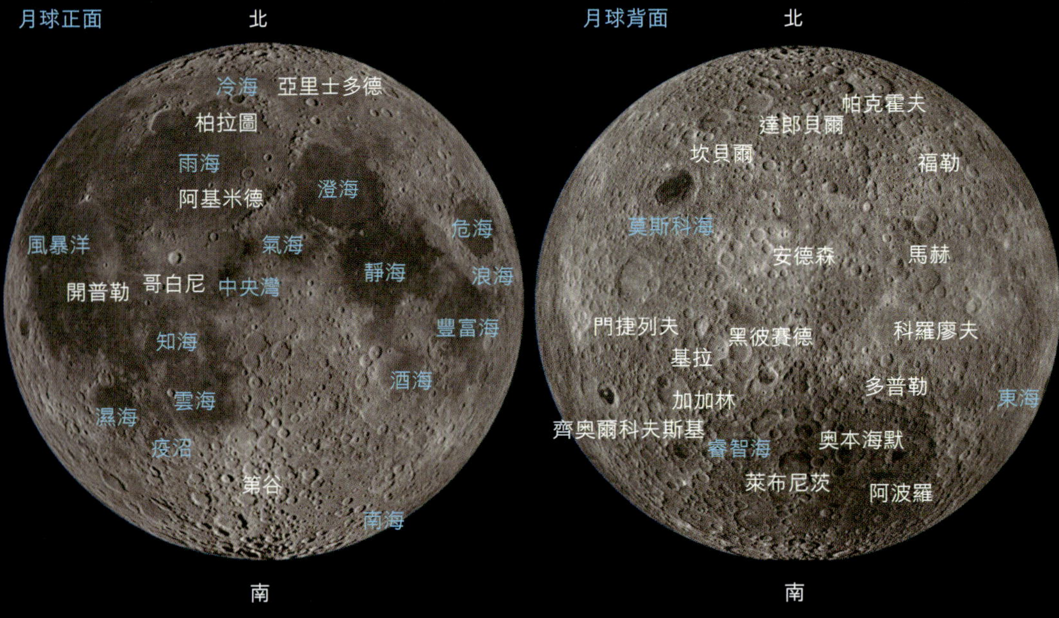

月球是個圓球嗎？

月球形狀為橢球體，類似誇張的雞蛋形，雞蛋的大頭對着地球。

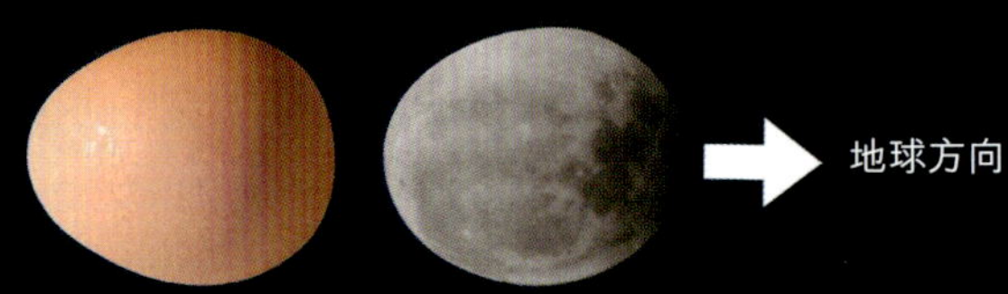

月球的結構

月球內部結構與地球一樣，由月殼、月幔和月核等分層結構組成。月球也屬岩質天體。

月球的數據

地月均距：384,401 千米
月球直徑：3,476 千米
月球體積：為地球的 1/49
月球面積：3.79×10^7 千米^2
月球年齡：約 46 億年
自轉周期：27.32 天
公轉周期：27.32 天
月軸傾角：1.54°
軌道傾角：5.14°
軌道偏心率：0.054 9
反照率：約 0.12
滿月視星等：最大 -12.74
月球質量：為地球的 1/81.3
平均密度：3.35 克 / 厘米^3
月球重力：約為地球的 1/6
月面溫度：中午最高為 127℃，
夜晚最低為 -183℃

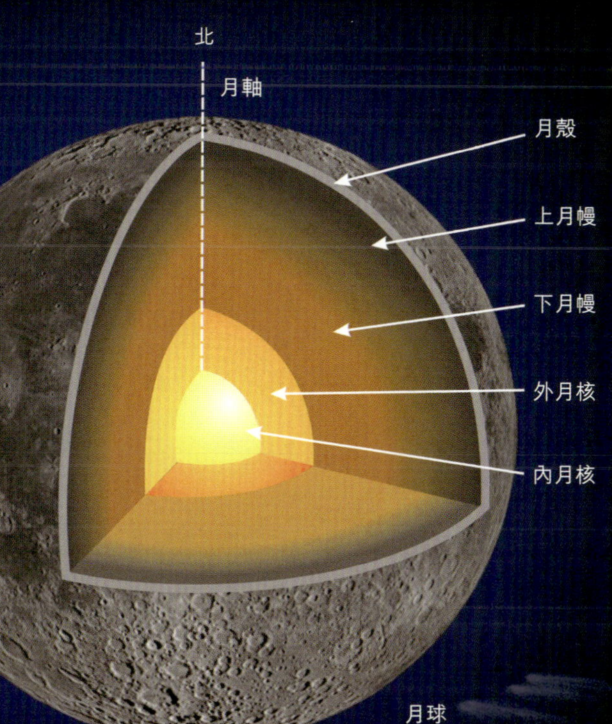

月球會自轉嗎？

在地球上看，月球總是一面對着地球，感覺月球不會自轉。而事實上，月球是在不停地自轉的，即繞着自己的軸相對於地球進行旋轉。

為甚麼看不到月球的背面？

在地球上永遠看不到月球的背面，這是因為月球自轉周期與月球繞地球的公轉周期相同。

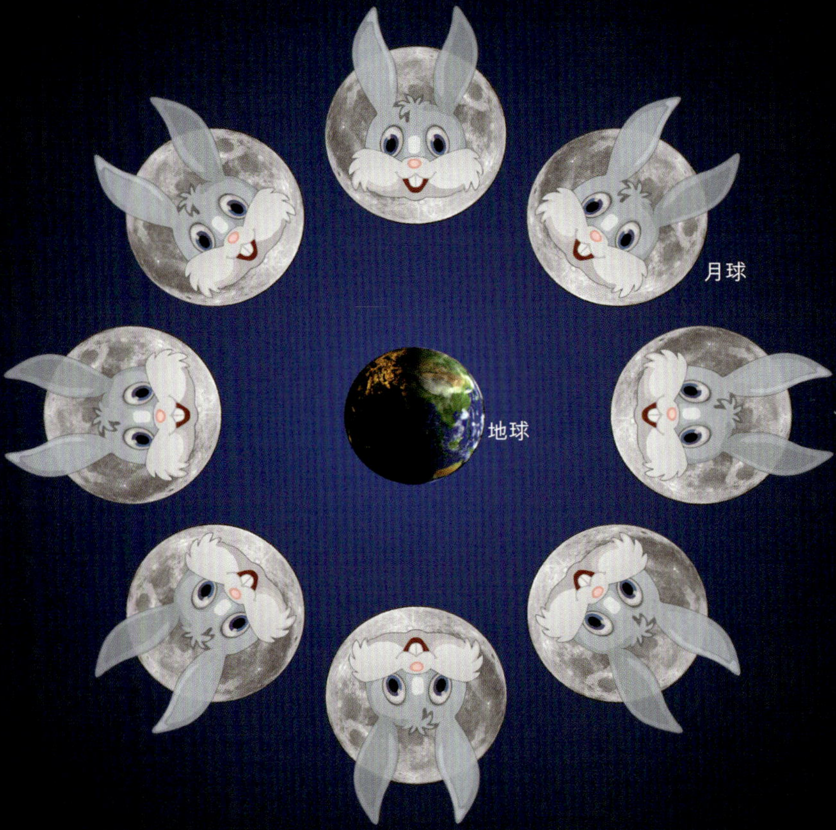

月球是如何自轉的？

我們把面向地球的月面畫上兔子臉，月球圍繞地球公轉，在地球上看，兔臉永遠對着地球。

但跳出地球，在地球的上方觀看月球，兔臉面對的方向是有變化的，這就是月球的自轉。月球上兔臉方向變化一圈，月球也繞地球旋轉一圈。

甚麼是月球的公轉？

月球繞地球運行叫「月球的公轉」，月球公轉的軌道稱為「白道」，為橢圓形，因此月球在公轉中，有時距離地球相對近些，有時相對遠些。月球公轉周期約為 27.32 個地球日，與月球的自轉周期完全相等。

月球的公轉和自轉速度

地球公轉速度是月球的 30 倍；
地球自轉速度是月球的 100 倍。

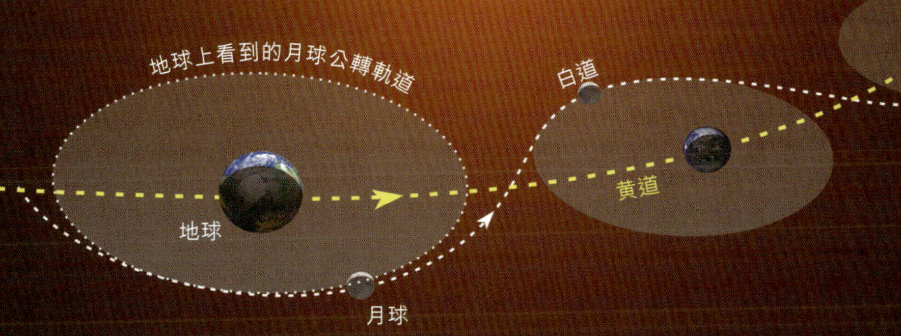

白道在黃道面上的軌跡

月球雖然繞地球運轉，相對於地球，白道是橢圓形的。如果在太空觀看，月球伴隨着地球繞太陽運轉，相對於太陽，白道不是橢圓形軌跡，而是在黃道圈內外向前移動的「S」形軌跡。

月球運行到黃道圈內是新月前後的時段，運行到黃道圈外是滿月前後的時段。月食一定發生在月球運行到黃道圈外的最遠點，日食一定發生在月球運行到黃道圈內的最近點。

肉眼月表觀測

用肉眼觀測月球，無論月相是甚麼狀態，都可以看到由黑暗的月海和明亮的月陸組成的月面輪廓，但看不到月面上包括環形山在內的其他細節，這是因為圓月的視直徑只有半度左右，不過是伸出的小手指頭的一半大小。

小型望遠鏡月表觀測

用小型望遠鏡（包括雙筒望遠鏡）觀測月球表面，觀測到的月面細節會多一些，主要是能夠看到密密麻麻的環形山，尤其是月球的黑天、白天交替區域，由於太陽斜射月球，環形山更加清晰明顯。此外，看到的月海和月陸輪廓更加分明。

大型望遠鏡月表觀測

用大型望遠鏡觀測月球，能夠看到的月面細節相當豐富，除了看到更多的環形山，還能看到輻射紋、山谷等地貌，甚至可以辨別月土和月壤。大型專業望遠鏡能夠看到人類登月留下的痕跡。

肉眼看到的月球

雙筒望遠鏡看到的月球

大型望遠鏡看到的月球

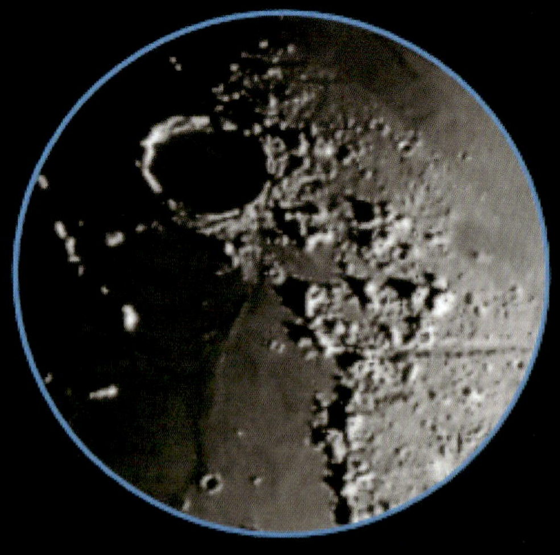

甚麼是月海？

月海是月面上比較平坦暗黑的區域，從地球上看像大海，月海裏沒有水。已知有 22 個月海。

甚麼是月陸？

月陸是月面上高出月海，且比較明亮的區域，月陸上有山脈、峭壁、環形山、輻射紋、月谷。

月海

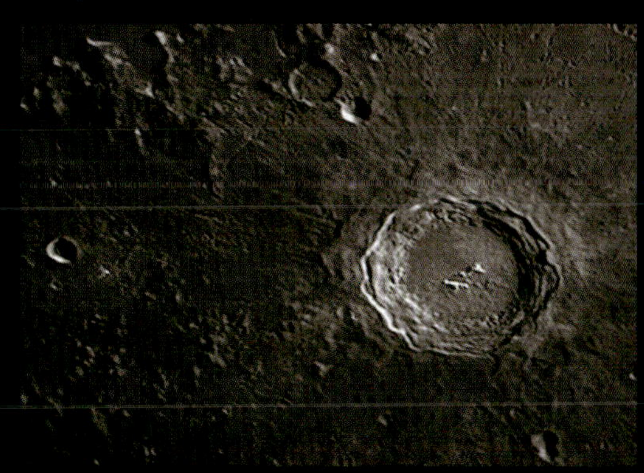

月海裏的環形山

月陸

月陸上的環形山

甚麼是環形山？

環形山是月面的典型地貌結構，呈環狀，四周高起，中間平地上常有小山，甚至大環形山套小環形山。有的環形山只是個凹坑。環形山是隕石撞擊月球表面形成的。月球正面直徑達千米的環形山就有 30 萬座以上。

甚麼是月相？

月相是在地球上看到的月球被太陽照明部分的稱呼，共有八種月相，即新月、蛾眉月、上弦月、上凸月、滿月、下凸月、下弦月、殘月等。內地各地區對月相的習慣稱呼不盡相同。

月相是如何形成的？

月球本身不發光，我們看到發光的月球是月球被太陽照射而反光的部分，這就是月相的來源。月球繞地球運動，使太陽、地球、月球三者的相對位置在一個月中有規律地變動，因此我們能夠看到周期性的月相變化，一個周期叫做「朔望月」。

月相的觀測

幾乎每天我們都能看到月亮，只是在每天的同一時間看到的月亮位置和相貌不同。每天月亮自西向東移動一大段距離，形狀一天天變大，又一天天變小，這就是位相變化。

月相有哪些別稱？

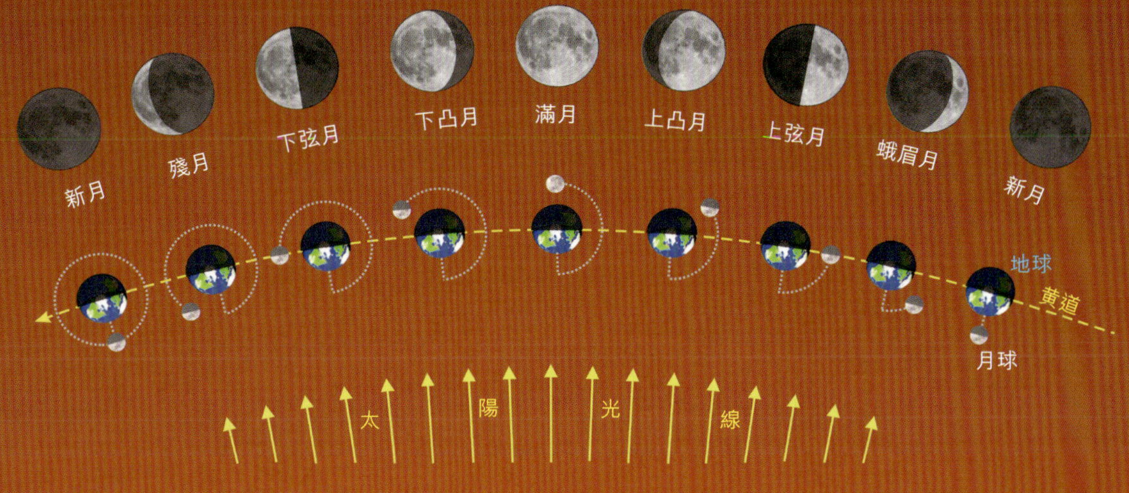

新月的別稱
- 朔月
- 朔

蛾眉月別稱
- 新月
- 眉月
- 上蛾眉月
- 月牙兒
- 彎月

上弦月別稱
- 半月

上弦月別稱
- 凸月
- 漸盈凸月
- 盈凸月

滿月的別稱
- 望月
- 望

下凸月別稱
- 凸月
- 漸虧凸月
- 虧凸月
- 殘月

下弦月別稱
- 半月

殘月的別稱
- 蛾眉月
- 虧月
- 虧眉月
- 下蛾眉月
- 晦

甚麼是月齡？

月齡是指從新月起算至各月相所經歷的時間。以天為單位，從新月至下一個新月的時間為 29.5 天。月相盈虧與月齡的對應關係為：

上弦的月齡為 7.4 天，滿月的月齡為 14.8 天，下弦的月齡為 22.1 天。

上半月，由缺到圓，亮面在右側；下半月，由圓到缺，亮面在左側。

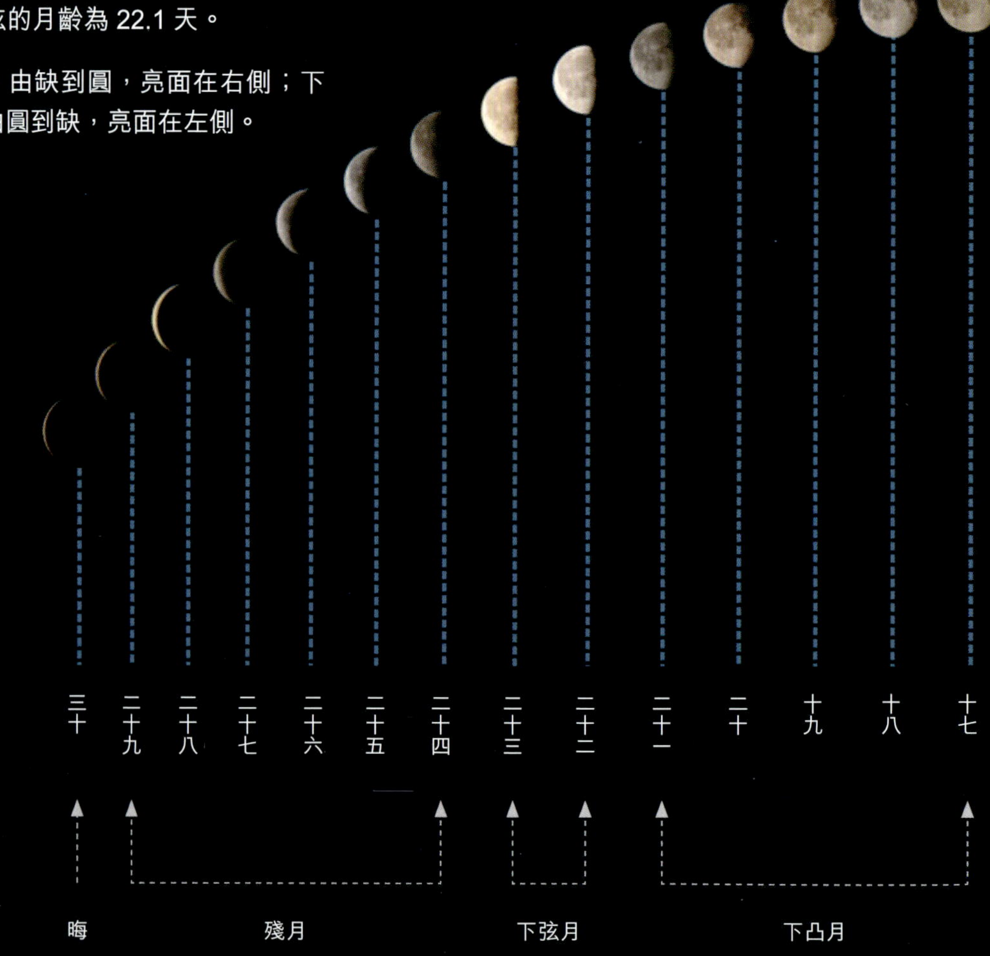

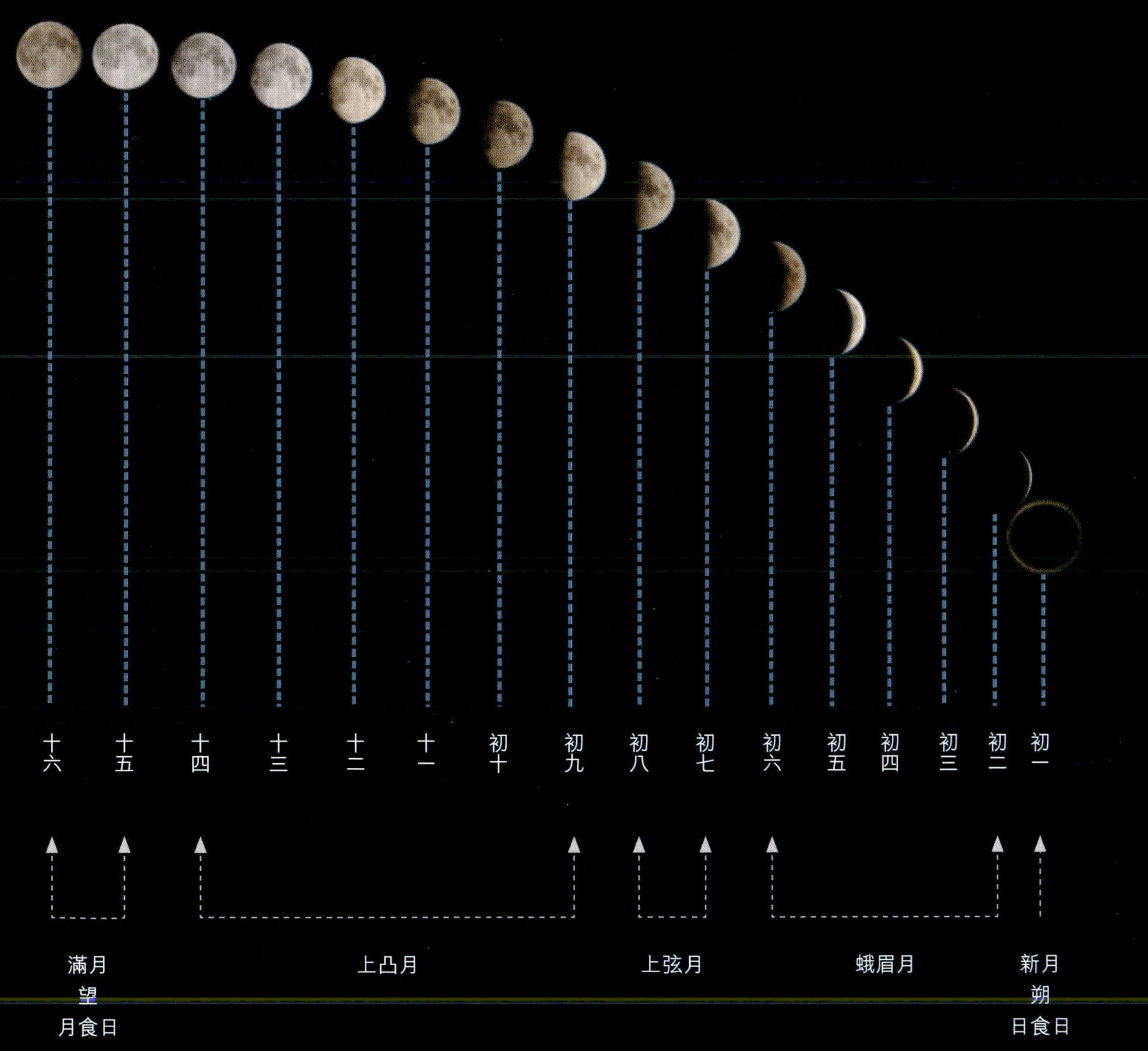
十六
十五
十四
十三
十二
十一
初十
初九
初八
初七
初六
初五
初四
初三
初二
初一
滿月
望
月食日
上凸月
上弦月
蛾眉月
新月
朔
日食日

月光都是白色的嗎？

月球本身並不發光，我們看到的月光源於月球反射的太陽光，但由於反射的月光到達地球並經過地球大氣時，受大氣折射、月亮視位置及大氣不同成分的影響，特別是在滿月，除了有常見的銀白色月亮，還有微弱的黃色月亮、橙色月亮、草莓月亮，甚至出現藍色月亮和紅色月亮等。

月光變色的原因是甚麼？

銀白色月亮	發生在晴朗的夜晚，月亮位置比較高時。
金黃色月亮	發生在多雲或水汽大，或懸浮顆粒多時。
橙褐色月亮	發生在月亮剛出地平線，或水汽大時。
藍灰色月亮	發生在霧霾、火山灰或火災污染大氣時。
紅月亮	是指出現在月全食過程中，受地球大氣折射形成的紅色月亮。
草莓月亮	指六月出現的滿月，正是草莓成熟時期，且夏至水汽大，月面呈粉紅色。
藍月亮	不是指藍色的月亮，而是指按年劃分中多出來的滿月，即一個季度中出現的第三或第四個滿月，或一個月中出現的第二次滿月。
黑月亮	是指一個月或一個季度中多出來一個新月，也指一個月中少出來一個滿月或新月。

甚麼是月暈？

月暈是月光經雲層中冰晶的折射、反射而形成的光學現象。反射暈多為白色，折射暈為彩色。

常見的有 22° 和 46° 圓月暈、假月環、月柱、假月，以及各種弧狀月暈。月暈環的色序外紫內紅。

月暈

甚麼是假月？

假月，又稱「幻月」，有卷狀雲時呈現於天空，大小略如月輪的成團暈像。常與月輪同現，但其輪廓不清，略顯彩色或淡白色，多見於假月環上。

天空如出現數條暈弧相交或相切處，就會出現假月暈團。

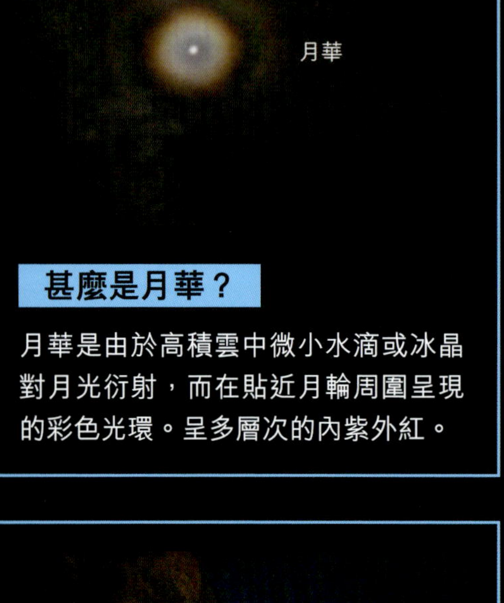

甚麼是月華？

月華是由於高積雲中微小水滴或冰晶對月光衍射，而在貼近月輪周圍呈現的彩色光環。呈多層次的內紫外紅。

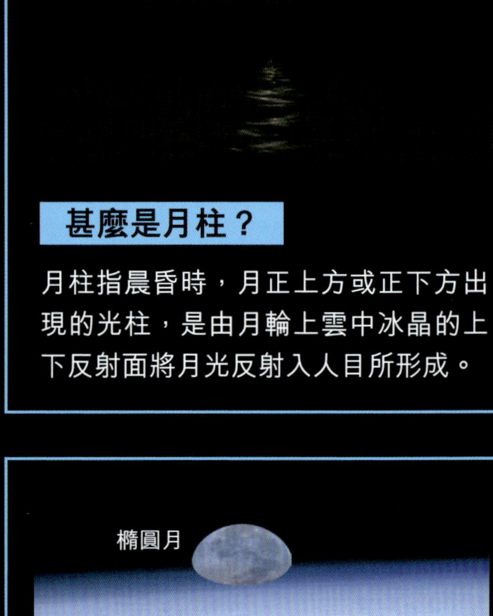

甚麼是月柱？

月柱指晨昏時，月正上方或正下方出現的光柱，是由月輪上雲中冰晶的上下反射面將月光反射入人目所形成。

甚麼是月虹？

月虹是指日光射入空中水滴，經折射和反射在雨幕或水霧上形成的彩色圓弧。

甚麼是橢圓月？

橢圓月是指月出、月落時，月光在穿過密度不均勻的大氣時把月亮偏折成的橢圓形月。

月球灰光觀測

月球灰光，俗稱「新月抱舊月」，是指新月前後，月球被太陽光照亮部分呈彎鈎形的細蛾眉月，但月輪的其餘部分並非完全黑暗，有淡淡的灰色微光。這個現象憑肉眼和望遠鏡都可以觀測到。

月球灰光是如何形成的？

月球灰光是地球反射太陽的亮光，又反射到月球的黑暗部分而形成。灰光通常在新月前後幾天的蛾眉月或殘月時段出現。月球灰光的球徑略小於月牙的球徑，感覺是新月抱舊月。

地球有灰光嗎？

月球灰光，相當於地球夜晚的月光現象，即我們俗稱的「月亮地兒」。它發生在滿月前後幾天。如果站在月球上看地球，就會看到地球灰光。地球不但有灰光，而且地球灰光要比月球灰光明亮數十倍。

月牙傾角的觀測

同一時刻在地球上不同緯度地區看到的月牙傾角不同，原因是在高緯度地區，白道與地平線的夾角較小，月牙看起來是「站着」的，而隨着緯度降低，夾角也隨之變大，月牙就逐漸「躺着」甚至「倒着」了。

在地球上同一地點不同時刻看到的月牙傾角也不同，原因是白道與黃道夾角較小，陽光與白道幾乎平衡，月牙幾乎垂直於黃道，愈接近地平線，月牙與地平線的夾角愈小。

在高緯度看，月牙「站着」

在中緯度看，月牙「靠着」

在低緯度看，月牙「躺着」

在南半球看，月牙「倒着」

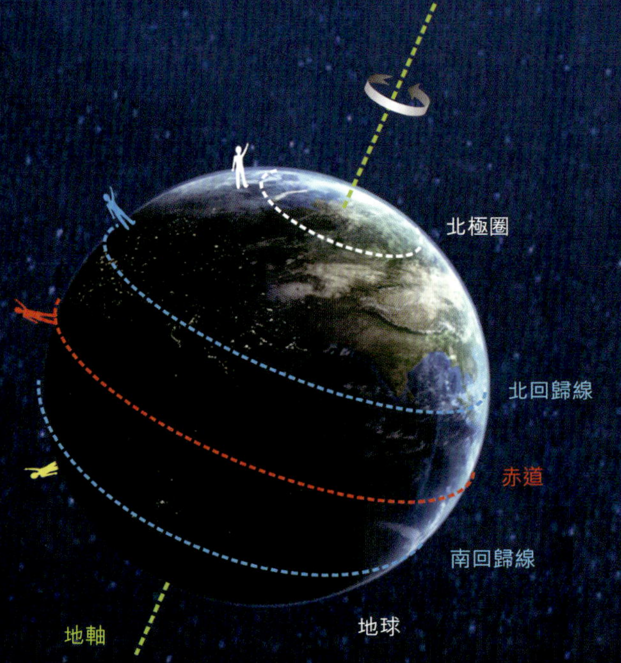

月掩行星的觀測

月球處於行星與地球中間時，便會發生月掩行星的天文現象。用肉眼可以觀測到月掩水星、月掩金星、月掩火星、月掩木星和月掩土星。用望遠鏡還可以觀測到月掩天王星和月掩海王星。

月掩金星

月掩金星，就是月亮把金星遮擋住了的現象，是一種比日食、月食更加罕見的天文現象，平均三年發生兩次，而且絕大多數發生在難以觀測的白天。

月掩金星只能發生在太陽升起前或降落後，月掩金星的時長從數分鐘到數十分鐘不等。

行星合月的觀測

行星合月是指行星和月亮恰巧運行到同一經度上，兩者的距離達到最近的天文現象。用肉眼可以觀測到水星、金星、火星、木星和土星合月，用望遠鏡還可以觀測到天王星和海王星合月。還可以觀測到兩顆，甚至多顆行星合月現象，是一種相對常見的天文現象。

行星伴月的觀測

行星伴月是行星運行到月亮附近的天文現象，比較常見，但兩顆甚至多顆行星伴月不太常見。行星伴月視野較大，適合肉眼觀測。

三星伴月

三星伴月多指三顆行星伴月，或兩顆行星和一顆恆星伴月，是一種觀賞性較強的天文現象。

天宮凌月

中國空間站經過月球表面的現象，從凌始到凌終不過 0.45 秒，因此人造衛星凌月的觀測，只能通過專業望遠鏡視頻拍攝，通過視頻分幀才能欣賞到。最重要的是事先找到衛星凌月的拍攝線路，還要抓拍到短短的凌月瞬間。

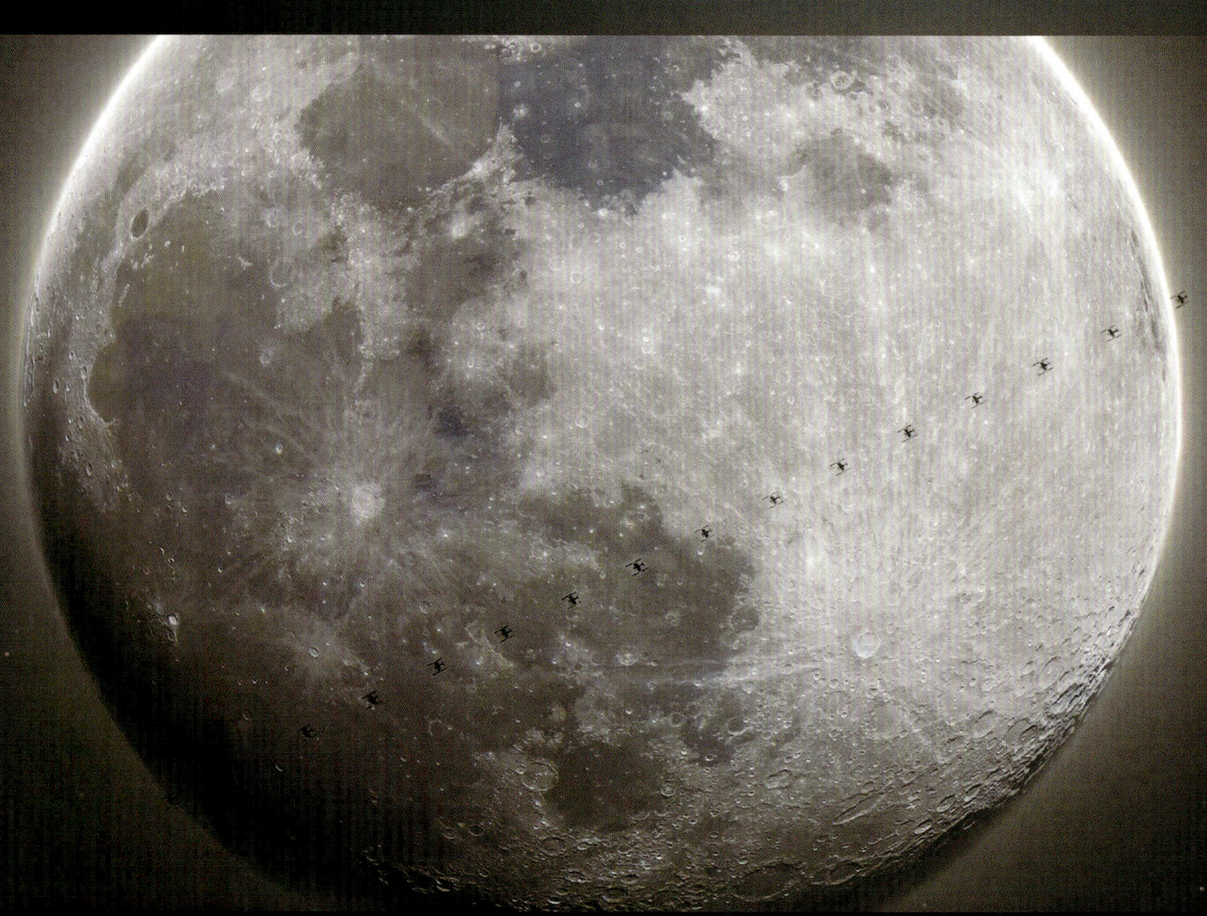

甚麼是月食？

月食，又稱「月蝕」，是指滿月的月亮進入地球的影子，在地球上看不到月亮或只能看到一部分月面的天文現象。古人以為月亮是被「天狗」吃了，所以把月食稱為「天狗食月」。

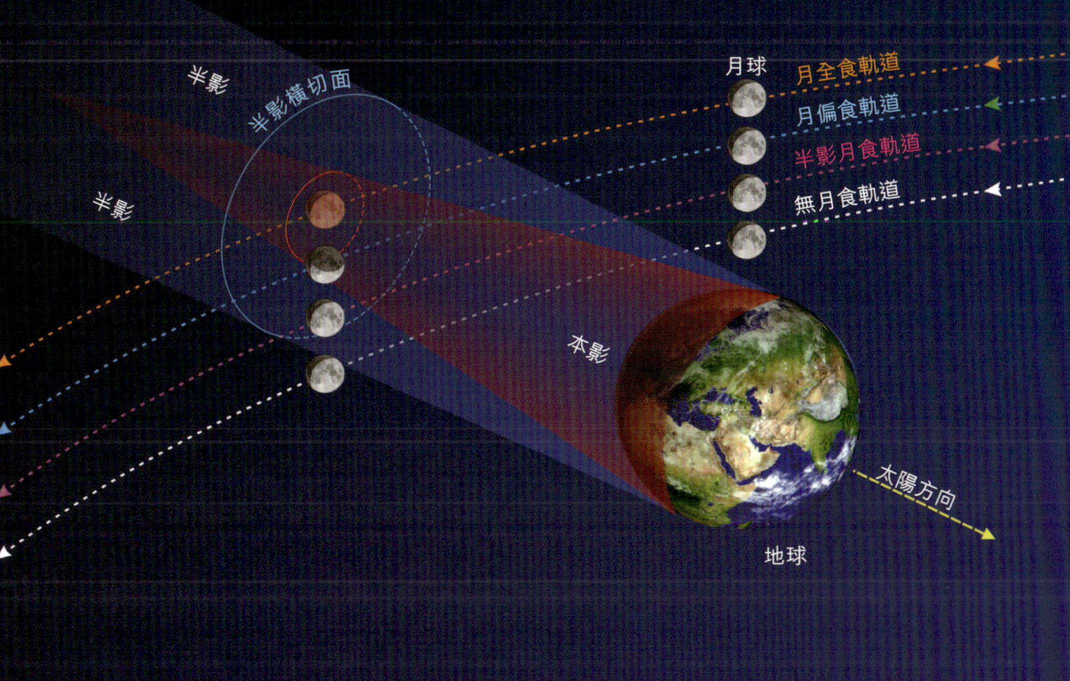

月食是如何產生的？

月食是地球運行到太陽和月球中間，遮擋了太陽照射到月球表面的陽光而產生的。

甚麼是地球的本影和半影？

地球本影是指太陽光線被地球阻擋後，所投射出來完全黑暗的區域，即完全遮擋了太陽的區域。而地球半影就是部分遮擋了太陽的區域。

月食有幾種？

根據月球進入地球影子的位置不同，月食分為月全食、月偏食和半影月食。

月全食

在望日，月球完全進入了地球本影區叫「月全食」。

月偏食

在望日，月球一部分進入地球本影區叫「月偏食」。

半影月食

在望日，月球只進入地球半影區叫「半影月食」。

為甚麼月全食的月亮是紅色的？

月全食過程中，月亮基本不會消失不見，而是呈現以紅色居多的多種顏色月面。這是地球大氣把陽光進行折射和散射的結果。

被地球大氣折射和散射的陽光中，紅色光的波長最長，偏折最小，因此透射大氣的紅光能夠到達地球本影範圍內的月球，使月全食時的月亮變成了紅色。

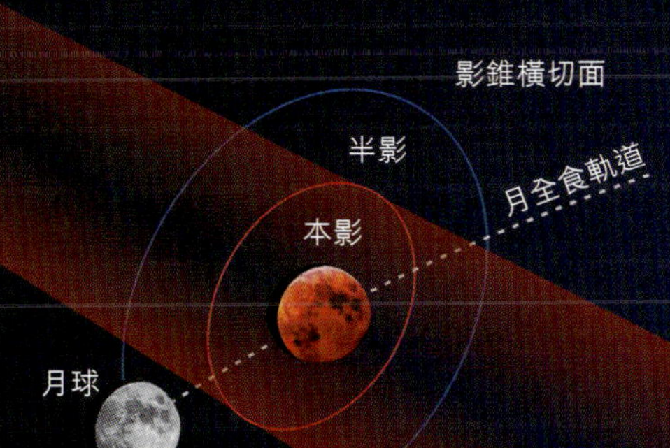

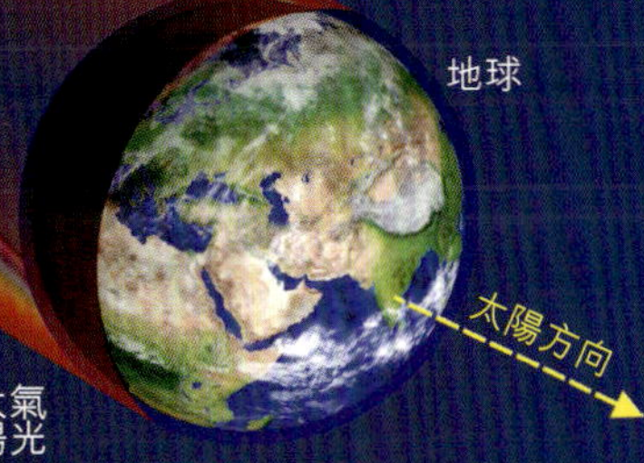

月全食的月亮都是紅色的嗎？

月全食時的月亮絕大多數是紅色的，但也會出現其他顏色。影響月亮變「紅」的主要因素如下：

1. 月球與地球的距離遠近不同。
2. 月食限不同而在本影的位置不同。
3. 地球大氣折射和散射陽光的情況不同。
4. 月光進入地球大氣發生再折射情況不同。

甚麼是月全食的光度？

月全食光度是指月全食過程中月球全部進入地球本影時的光度，其參量叫「丹戎量表」，用 L 表示，分為五級。由於受月球離地球遠近、地球大氣情況、黃白軌道交角等多項因素影響，月全食的光度不同，因此月全食並不都是紅色的。只是在觀測實踐中，非紅色月全食比較少見。

全食相貌		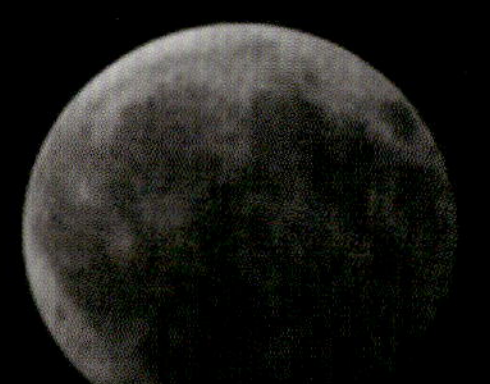		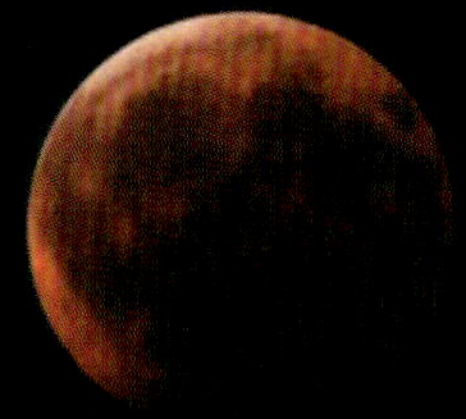
月面顏色	極黑色	暗灰色	暗褐色	深紅色
全食光度（丹戎量表）	L=0	L=1	L=1	L=2
月面描述	月面幾乎不可見，尤其在食甚時刻	月面細節難以分辨	月面細節難以分辨	本影中心很黑暗，外邊緣相對較亮

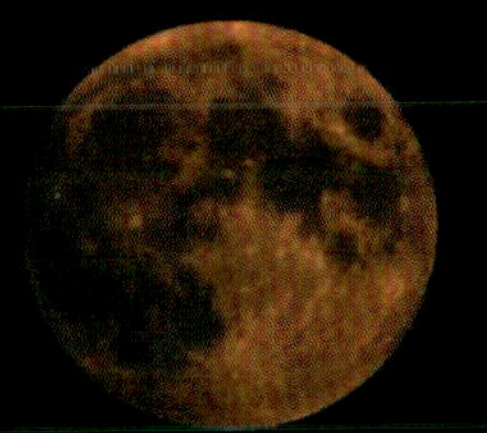			
鐵銹色	磚紅色	亮銅紅色	橘紅色
L=2	L=3	L=4	L=4
本影中心很黑暗，外邊緣相對較亮	月邊亮白或黃色，細節可見但模糊	月面略帶藍綠邊，可見大月面細節	月面略帶藍綠邊，可見大月面細節

甚麼是月食食相？

月食食相是指月食時，地球本影與月面相切和掩蔽的現象或時刻。
月全食有五相：初虧、食既、食甚、生光、復圓。
月偏食有三相：初虧、食甚、復圓。

月全食食相

初虧 月食開始的時刻，月面東邊緣與地影西邊緣外切。

食既 月全食開始時刻，月面西邊緣與地影西邊緣內切。

食甚 月全食最甚時刻，月面中心與地影中心最近時刻。

生光 月全食結束時刻，月面東邊緣與地影東邊緣內切。

復圓 月食終了的時刻，月面西邊緣與地影東邊緣外切。

月偏食食相

初虧 月偏食開始的時刻，月面東邊緣與地影西邊緣外切。

食既 月偏食最甚的時刻，月球中心與地影中心最近時刻。

復圓 月偏食終了的時刻，月面西邊緣與地影東邊緣外切。

甚麼是食分？

食分是表示太陽或月亮被食程度的量，但不是指被遮擋的面積大小，而是指被食的直徑長短。食分愈大，被食的程度愈大。

甚麼是月食食分？

月食食分是指食甚時月輪進入地球本影的最大深度與月輪角直徑之比。食分愈大，月輪被食的程度就愈大。月偏食的食分小於 1，月全食食分大於 1。

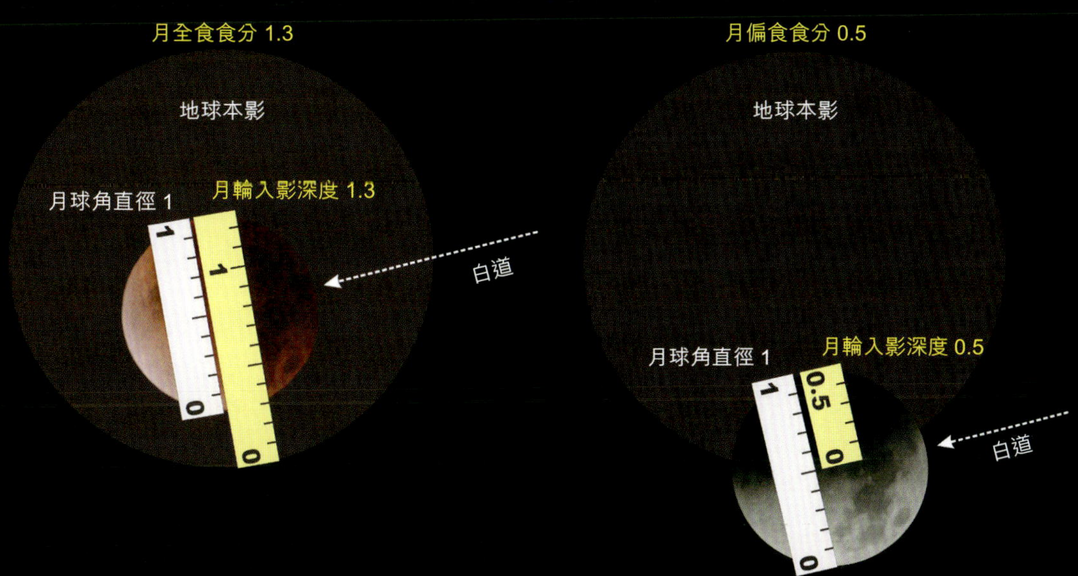

月偏食為甚麼不是紅色的？

月全食時的月面是紅色的，而月偏食時的月面卻一半黑一半白，包括月全食過程中的偏食階段也是一半黑一半白。這是由於月偏食時沒有進入地球本影的月面仍然非常明亮，影響了月面黑暗部分本該顯現的紅光觀測。

地球上只能看到一半的月球嗎？

月球總是一個面對着地球，在地球上永遠看不到月球的背面。但看到的月球表面並不是月球面積的 50%，而是月球面積的 60% 左右，其實我們多看到了月球 10% 的面積。

為甚麼能夠多看 10% 的月球面積？

在地球上能夠多看月球 10% 面積是因為月球存在天平動，即月球不總是完全正面地面向地球，而是微微上下左右搖晃着面向地球。它是由於月球橢圓公轉軌道、白道黃道存在夾角和觀測地點不同而形成的。

地球上能夠多看到的月球部分

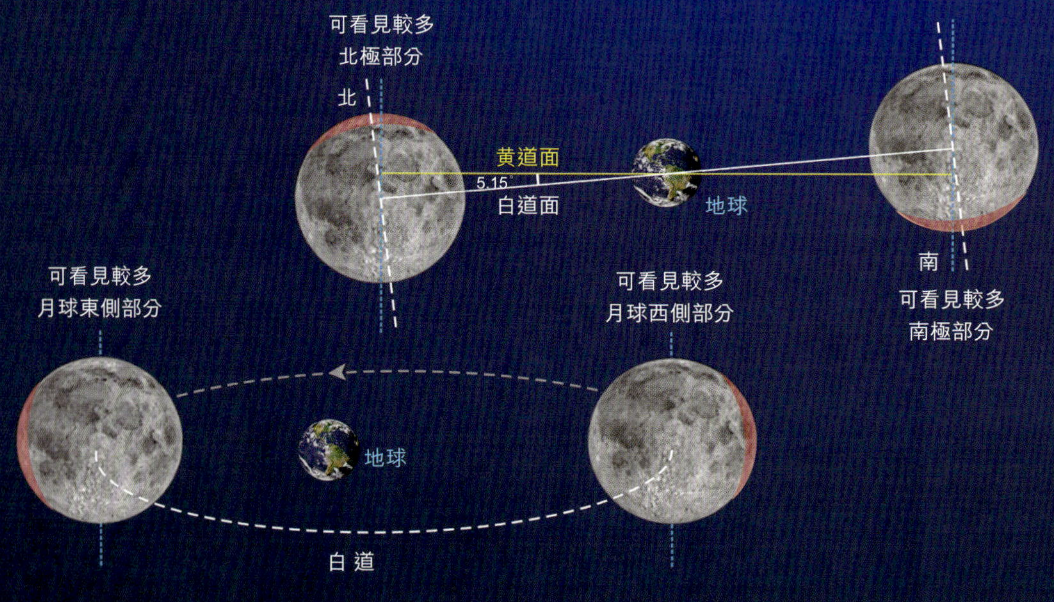

月球大小觀測

月圓時視面最大。由於月球的公轉軌道是呈橢圓形，因此月球到地球的距離時近時遠，距離最近和最遠的圓月，大小和亮度是不同的，因此民間有所謂「超級月亮」之說。但距離地球最近和最遠的圓月，肉眼幾乎難以分辨，因為沒有一大一小兩個月亮的比較。

要欣賞「超級月亮」，觀測圓月大小和亮度變化，需要進行拍攝比對，或使用專業設備觀測。

甚麼是「超級月亮」？

「超級月亮」不是天文學詞匯，是指距離地球最近的滿月或新月。

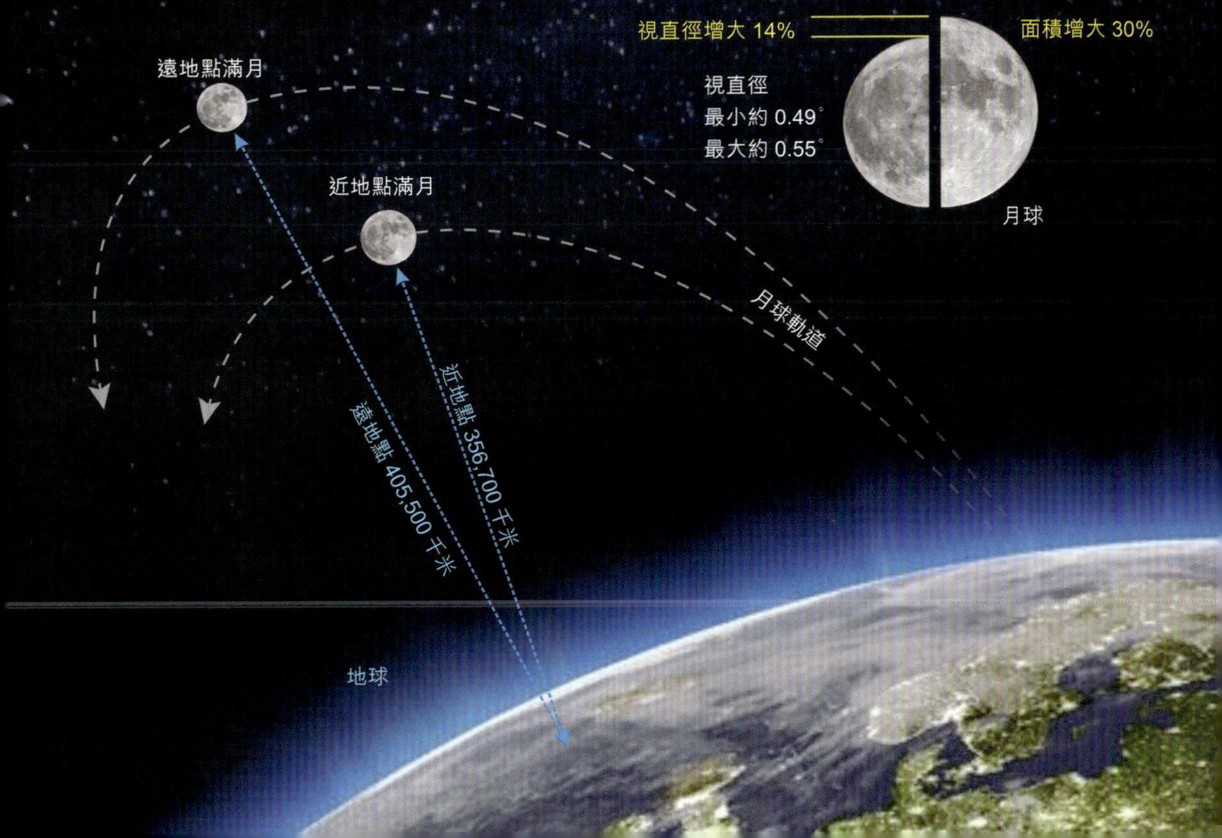

人在月球上會掉下來嗎？

人到月球上與在地球上一樣是不會掉出去的。因為月球與地球一樣有引力。但地球的引力是月球引力的 6 倍。

月球上為甚麼沒有大氣？

月球質量小，引力小，不足以把氣體吸附在月表，氣體會逃脫月球進入太空。月球上沒有大氣，也就不存在風雲雨雪。

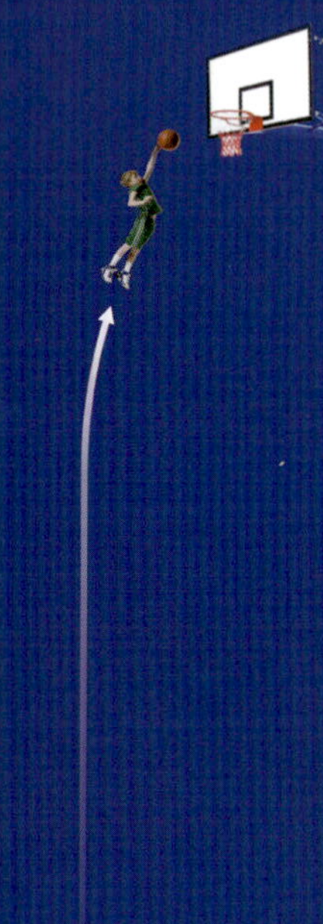

在地球上
跳 1 米高

在月球上
可以跳 6 米高

地平線

地月引力

實際海平面

理論海平面

月球

地球

月球引力對地球有影響嗎？

月球引力對地球的影響較大。在月球引力的作用下，地球的岩石圈、海水圈和大氣圈都會產生運動和變化，其中海水漲潮落潮現象最為明顯，稱為「潮汐」。而地面微微起落與大氣薄厚變化，我們不會感受到。

在月球上看地球有多大？

在月球上看地球，比在地球上看月球要大得多。因為地球直徑約 12,756 千米，而月球的直徑只有 3,476 千米，地球直徑約是月球直徑的 4 倍。

地球能夠裝下多少個月球？

地球的體積約為 1083.21×10^9 千米 ^{3}，月球的體積約為 21.99×10^9 千米 ^{3}，地球可容納 49 個月球。

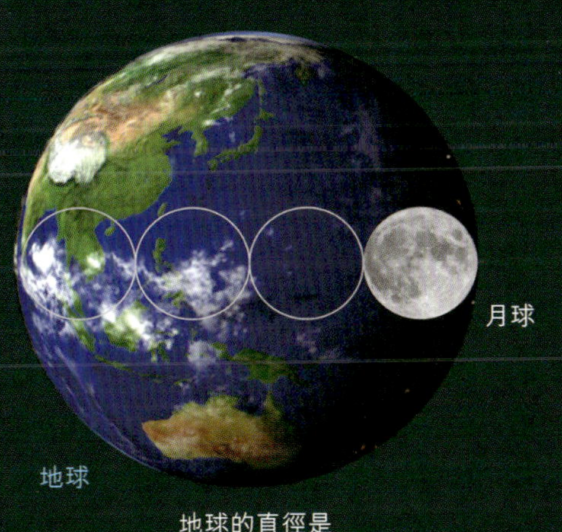

地球的直徑是
月球直徑的 4 倍

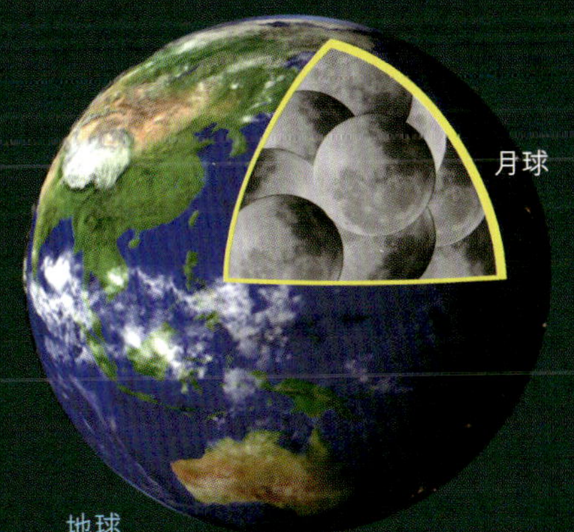

地球能夠裝下
49 個月球

地球比月球重多少倍？

月球的質量為 73.49×10^{18} 噸，
地球的質量為 59.65×10^{20} 噸，
地球的質量約是月球的 81 倍。

1 個地球等於 81 個月球的質量

月球是離地球最近的天體

月球是距離地球最近的天體，在地球上發出一束光，只需 1.28 秒就可以到達月球。如果分別按下列速度用步行、騎單車、駕駛汽車、乘飛機、搭火箭的方式前往月球，其大約花費的時間如下：

月球

步行速度
5 千米 / 時
約走九年

單車速度
30 千米 / 時
約騎一年半

汽車速度
80 千米 / 時
約開 200 天

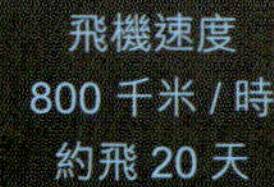

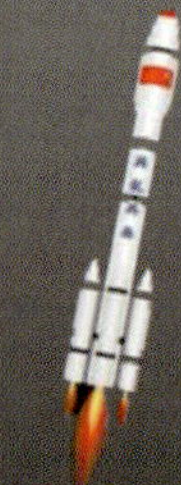

光速約為
30 萬千米 / 秒
只需 1.28 秒

飛機速度
800 千米 / 時
約飛 20 天

火箭速度
4 萬千米 / 時
約用 10 小時

地球

距離地球最近的天體是月球，月球是地球的一顆衛星；
距離地球最近的行星是金星，金星是太陽系的行星之一；
距離地球最近的恒星是太陽，太陽是太陽系的中心天體。

五、太陽觀測

太陽

太陽是太陽系的中心天體，是一個熾熱的氣體星球，是距地球最近的恒星。太陽的質量佔太陽系總質量的 99.86%。太陽巨大的引力，使太陽系內所有天體（包括地球在內的行星等）繞其公轉。太陽，中國古稱白駒、金虎、赤烏、金烏、金輪、火輪等。

太陽觀測包括哪些內容？

太陽與月球一樣，是我們觀測較多的天體，觀測的內容十分豐富。肉眼觀測包括日食、凌日、太陽與大氣形成的視大小、橢圓日、霞光、霓虹、日華、日暈、假日、日柱、寶光、綠閃等現象，用專業望遠鏡還可以看到太陽黑子、米粒組織、日珥、耀斑、太陽風、日冕等天文現象。

太陽是由甚麼組成的？

太陽是由氫核聚變成氦核的熱核反應而產生巨大的能量體，以輻射和對流的方式由內部轉移到表面，再由表面發射到宇宙空間。

太陽會自轉嗎？

太陽的自轉比較特殊，不同的緯度自轉速度不同，從赤道至極點自轉周期為 25.38 至 34.4 天，緯度愈高自轉愈慢，赤道自轉最快，兩極自轉最慢，為較差自轉。

太陽的自轉方向與地球的自轉方向相同，一般把日面接近赤道處的自轉周期 25.38 天定為太陽的自轉周期。

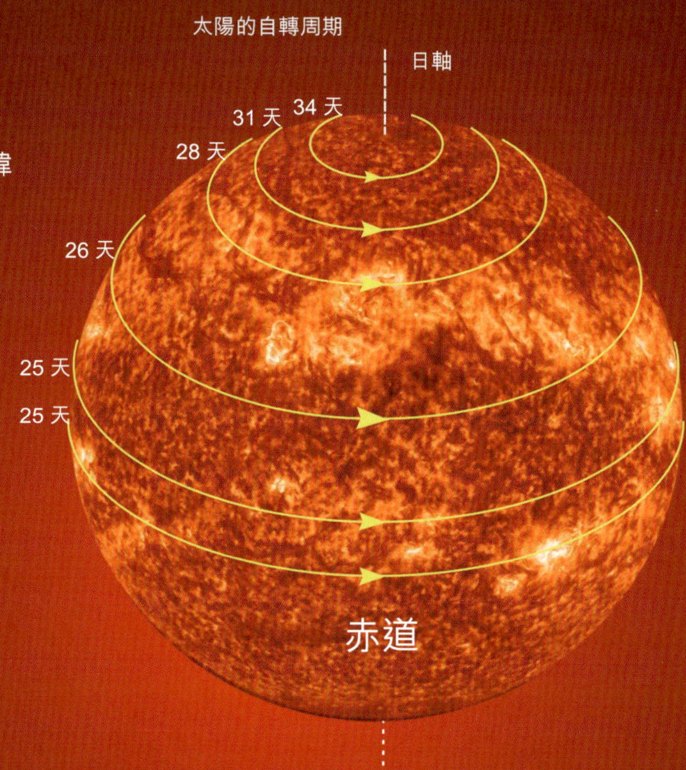

太陽的數據

日地均距：14,959.79 萬千米
太陽直徑：139 萬千米
太陽體積：1.41×10^{18} 千米 ^{3}
太陽質量：1.988×10^{30} 千克
平均密度：1.41 克 / 厘米 ^{3}

太陽溫度：表面 5,777 開，中心 1.57×10^7 開
自轉周期：25.38 天（赤道）至 34.4 天（兩極）
公轉周期：繞銀心 2.25 億至 2.5 億年
日軸傾角：7.25°

太陽的結構

太陽的內部結構，從裏到外是核心、輻射層、對流層。太陽的外部結構，從裏到外是光球層、色球層、日冕層。太陽的表面特徵，主要有黑子、耀斑、日珥、米粒組織等。

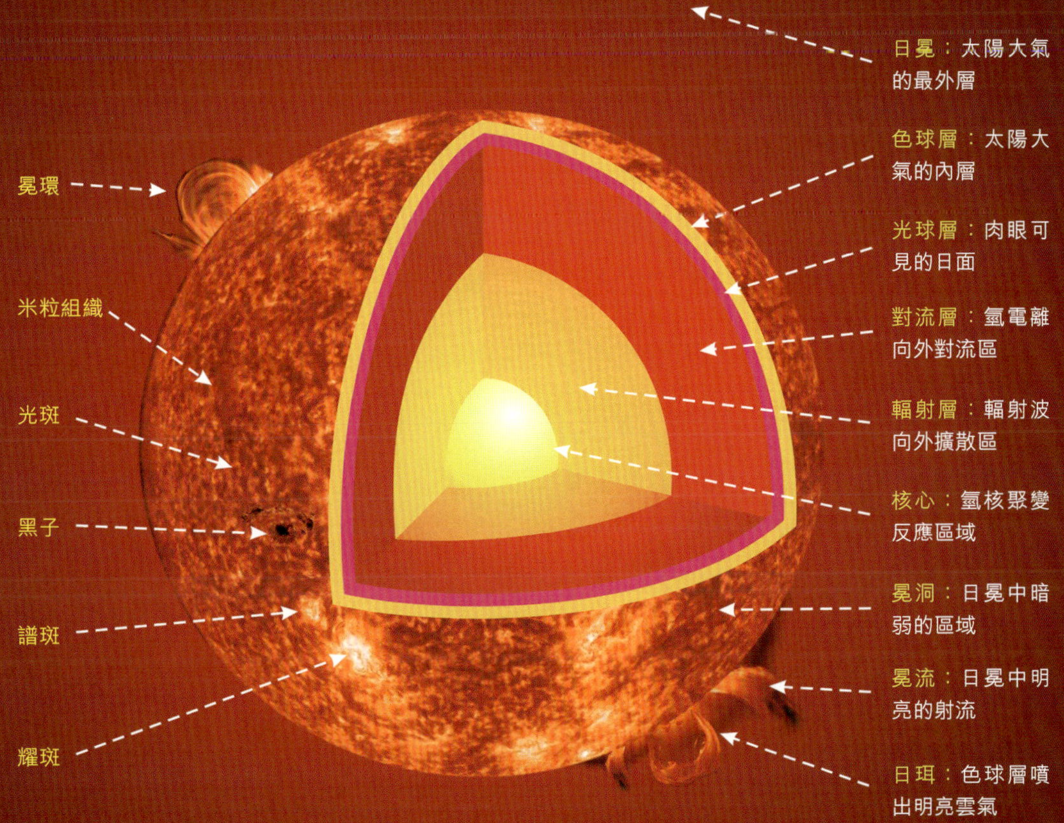

甚麼是日冕？

日冕是太陽大氣的最外層，延伸到幾個太陽的半徑。它由質子、高度電離的離子和自由電子組成。日冕的精細結構有冕流、極羽、冕洞和日冕凝聚區等。

日冕

日冕的形狀

在太陽活動極小期，日冕出現在赤道地區，高緯度變小，兩極出現冕洞，呈橢圓形；在太陽活動極大期，無論是赤道還是兩極都很明顯，呈圓形。

日冕的密度、溫度和亮度

日冕的密度極其稀薄，溫度超過 1,000,000 開，亮度為光球的百萬分之一，幾乎與滿月的亮度相同。

甚麼是太陽風？

太陽風是源自日冕因高溫膨脹而不斷向空間拋出的粒子流。由電子、質子和少量重離子組成。日冕物質拋射時所噴射的粒子也是重要的太陽風源。太陽因此每年約損失太陽質量的 33.3 萬億分之一。

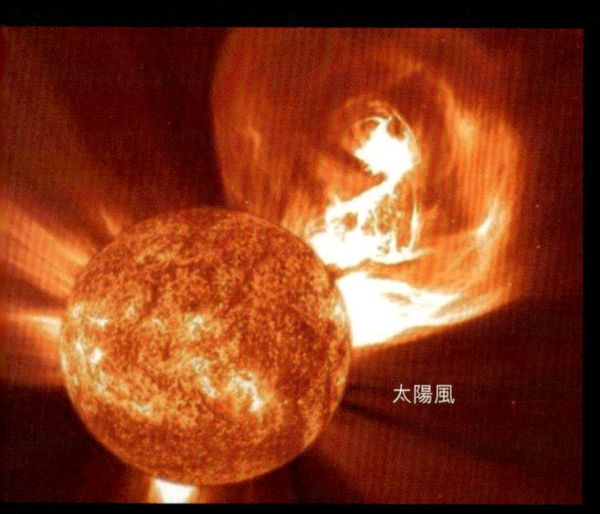
太陽風

太陽風質子、溫度和速度

太陽風的物理參數隨太陽活動位相的變化而變化，在地球附近的行星際空間每立方厘米所含質子數 5 至 10 個，質子溫度約 10 萬度。

慢風的典型速度為 300 至 500 千米 / 秒，來自冕洞的快風典型速度約 750 千米 / 秒。

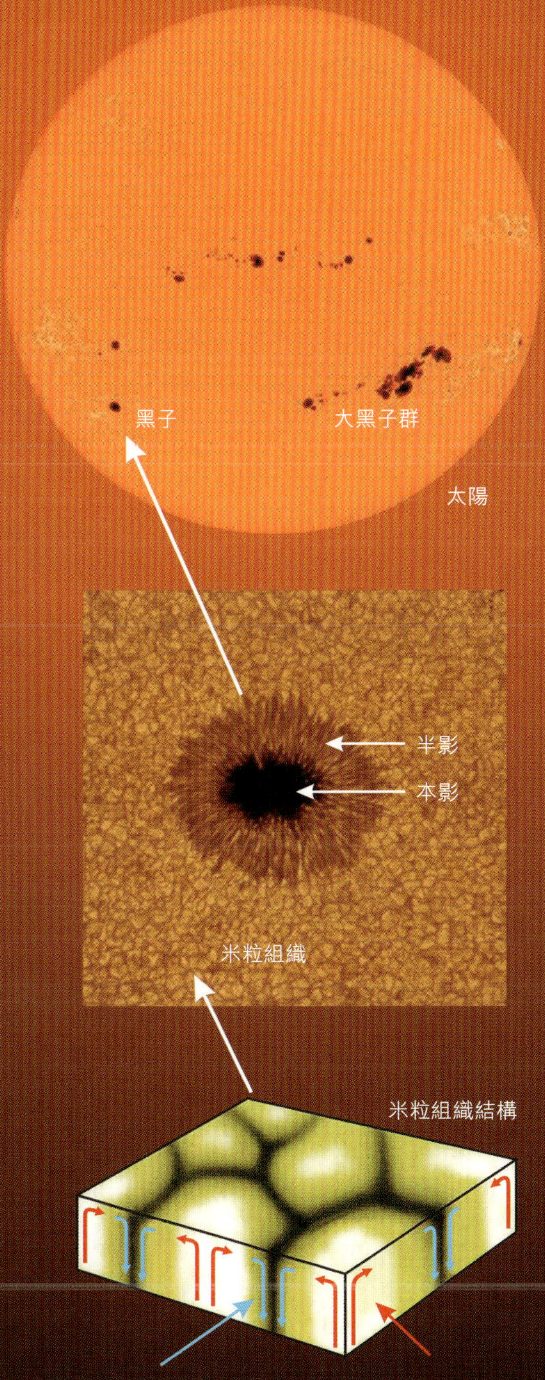

黑子
大黑子群
太陽
半影
本影
米粒組織
米粒組織結構
暗帶下沉冷氣流
亮區上升熱氣流

甚麼是太陽黑子？

太陽黑子是指太陽光球層上的暗黑斑點。因為溫度比光球低，便成為暗淡的黑斑。黑子中心有一個暗黑的核，稱為「本影」，核的周圍是比較亮的半影。大黑子群的出現常預示耀斑和日冕物質拋射等劇烈活動，導致地球上發生磁暴和電離層擾動。

黑子的磁場、壽命和周期

黑子常成對出現，具有相反的磁極，其磁場強度可達零點幾特，黑子的壽命一般為數天到數週，少數大黑子可存在數月之久。黑子數量的變化周期約為 11 年，加入磁場性變化因素，則周期為 22 年甚至更長的周期。

甚麼是米粒組織？

米粒組織是指太陽光球層上的一種日面特徵，呈米粒狀的明亮斑點。米粒組織是光球下面氣體對流所造成的現象，太陽表面的冷氣流是從米粒組織之間的暗帶下沉的，熱氣流是從米粒中心的亮區向上流動的。

米粒組織的溫度、亮度和壽命

米粒組織的溫度比米粒間區域的溫度高、亮度強，壽命約 10 分鐘。光球下的大型對流單元，往上逐漸分裂，到表面時成為我們觀測到的超米粒組織。超米粒組織的壽命約 1 天或更長，超米粒組織與米粒組織之間的層次結構模型還沒有被證實。

甚麼是日珥？

日珥是由色球噴出的明亮雲氣，貌似太陽邊緣的突出物，呈多種形狀。日珥的多少與太陽活動強弱有關，周期約為 11 周年。

日珥的類型、壽命和強度

根據運動和形態特徵，日珥分為寧靜日珥、活動日珥和爆發日珥等類型。寧靜日珥的壽命從幾週到幾個月不等，活動日珥和爆發日珥只有幾分鐘至十幾小時。活動日珥的磁場強度比寧靜日珥的磁場強度大十幾倍。

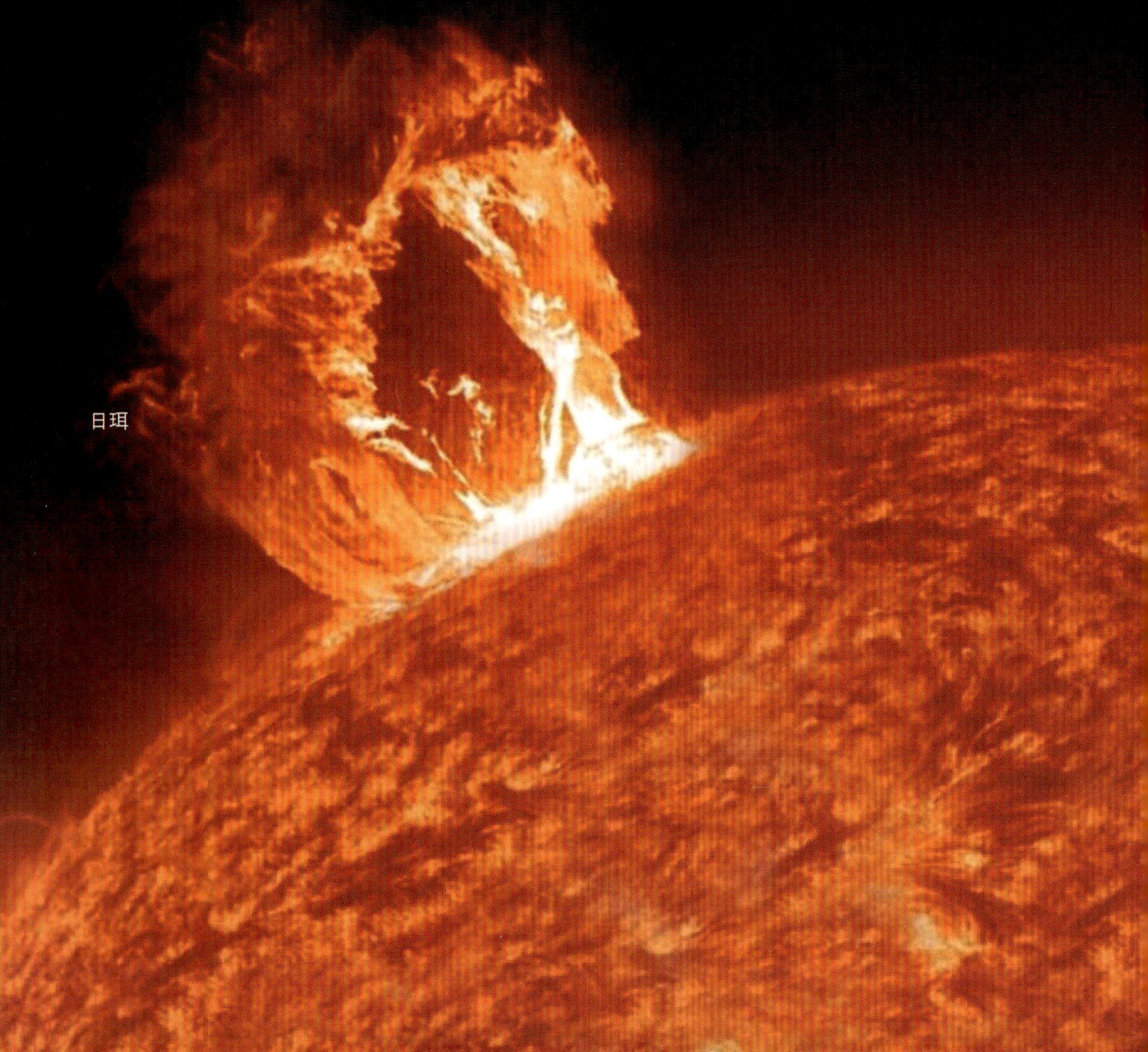

甚麼是太陽耀斑？

耀斑是太陽大氣中局部區域亮度突增的活動現象。多用氫單色光和 X 射線觀測到，極少數用白光也能觀測到的稱為「白光耀斑」。多數耀斑可能發生於低日冕區，大多由活動區磁場相互作用，或由耀斑下面上浮的磁環與原先存在的磁環相互作用等所引起。

耀斑的壽命、強弱和周期

耀斑的壽命從幾分鐘到數小時不等，按觀測方式不同耀斑的面積和強度分為五級，太陽黑子多時耀斑出現也多，也有 11 年的周期性。

耀斑出現時常拋射出大量的高能電子和質子，發出很強的紫外線、X 射線和射電暴，有時伴隨日冕物質拋射，會引發地球上的磁暴、極光和短波電信中斷等現象，有時甚至會使 γ 射線和宇宙線的強度增加。耀斑產生的高能粒子輻射和短波輻射對載人宇宙航行有一定的危害。

耀斑

為甚麼白天天空是藍色的？

陽光是由赤、橙、黃、綠、青、藍、紫七色組成的，其中的紫、藍、青、綠色光波長短，折射大，其被大氣折射和散射到空中，因此天空看起來是藍色。

沒有大氣，天空是甚麼顏色的？

地球如果沒有大氣，白天的天空不是藍色的，而是黑色的太空，與晚上看到的差不多，也是漫天星斗，這是因為不存在大氣折射和散射。

太空為甚麼是黑色的？

太空浩大，太空中的恆星，包括太陽，所發出的光亮不足以照亮宇宙空間，所以太空看上去是暗暗的黑色。

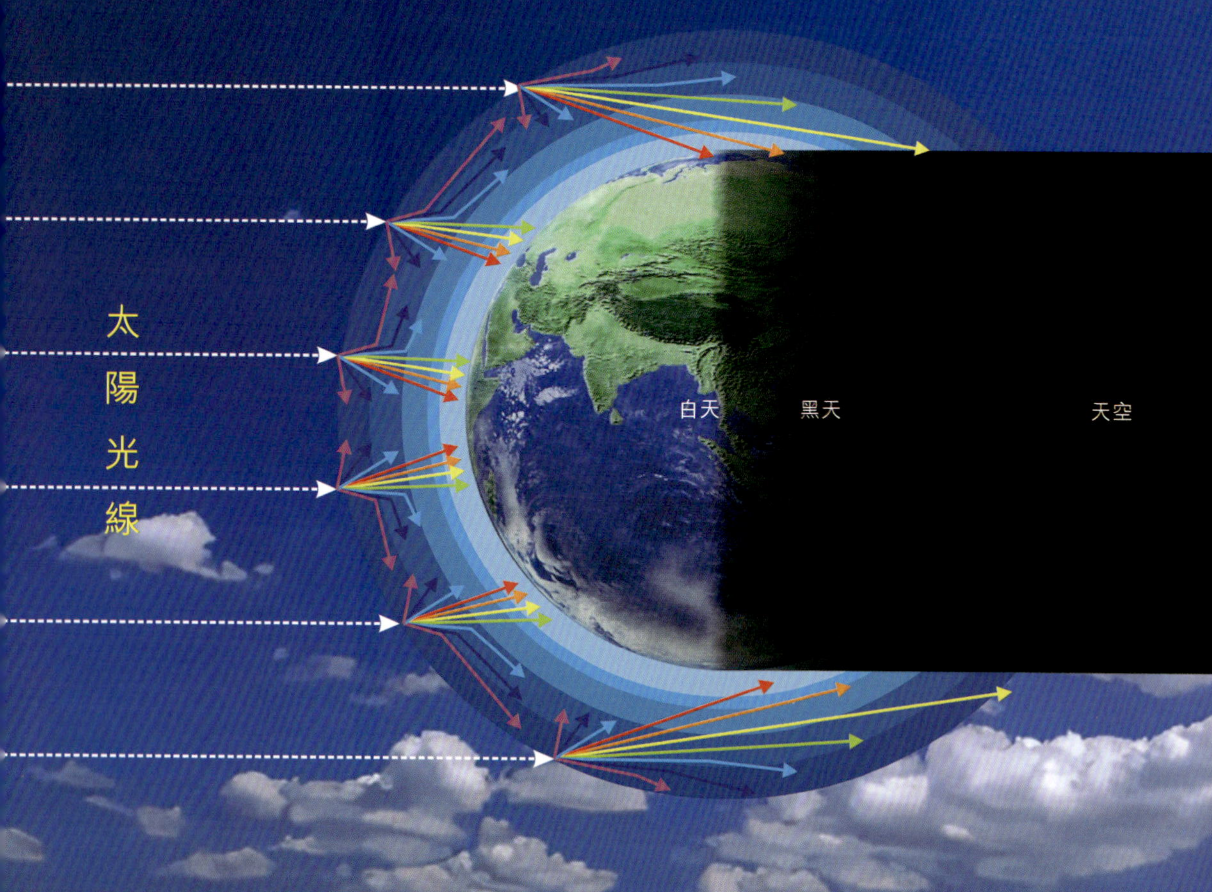

霞光

霞光指日出、日落前後天空或雲層上出現的彩光。早晚太陽七色光中的紫、藍、青、綠色光被大氣散射後，能夠穿透大氣的只有紅、橙、黃色光，因此形成了美麗的霞光。

甚麼是橢圓日？

大氣密度並不是均勻分佈的，日出和日落時，光線在穿過大氣時，密度大的地方偏折得厲害。太陽下緣的大氣密度大，因此光線被折射得更加彎曲，使得太陽呈現橢圓形。

大氣折射能把落日「壓」扁 20% 左右，在飛機上觀看甚至超過 60%。

甚麼是日柱？

日柱是指晨昏時，太陽正上方或正下方出現的光柱。它是由日輪同一地平經圈上的雲中冰晶的上下反射面，將日光反射入人目所形成。

上下日柱

高度角大於日輪的冰晶，其下表面的反射光形成上日柱。高度角小於日輪的冰晶，其上表面的反射光形成下日柱。由於冰晶上下反射面的平衡性擺動，使日柱具有一定的模糊寬度。由於在晨昏時分，日光均較弱，故呈微紅淡白色。

甚麼是綠閃？

綠閃是指晨昏時最早或最後一縷日光受大氣折射色散後，投入人目的瞬間綠光。因陽光來自地平線，通過密度不同的多層大氣時不斷被折射，波長較長的色光（如紅黃色光）被氧氣、臭氧等吸收，僅餘下綠色光。有時太陽在山坡或建築物上緣僅露出一線時，也能出現綠閃。

日柱

綠閃

早晚的太陽比中午太陽大嗎？

早晚的太陽看上去確實比中午的太陽大，這是一種視覺現象，而太陽的實際大小是不變的。

為甚麼早晚的太陽大？

早晚的太陽看着大，主要是由於大氣折射、背景色視覺偏差、蓬佐錯覺和雲層面視差等因素造成。

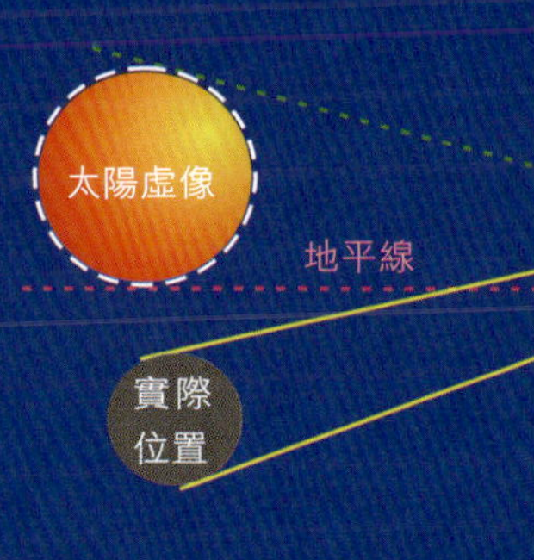

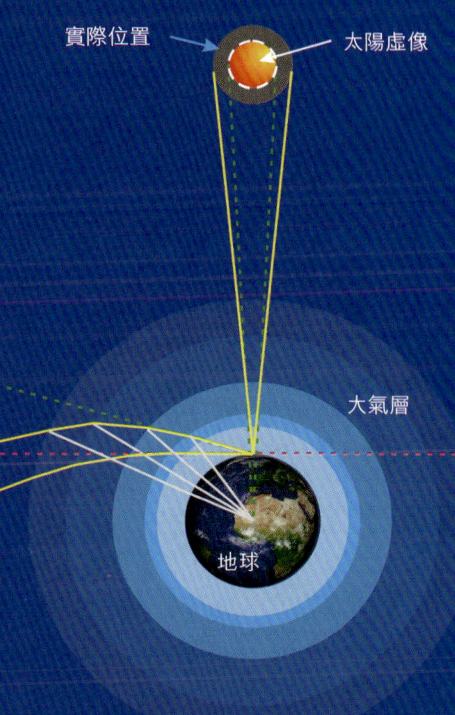

大氣折射

大氣的折射會使陽光偏離直線傳播，人們看到的日出和日落是太陽被放大的虛像，此時的太陽還處在地平線以下。

背景色視覺偏差

黑球、白球和黑框、白框大小相同，人的視覺在黑色背景下的白球要比白色背景下的黑球大，白框比黑框大。

蓬佐錯覺

同樣大小的物體，與大物體比照則視差小，與小物體比照則視差大。早晚的太陽接近地平線，以地面物體為參照物，中午的太陽則以整個天空為參照物。

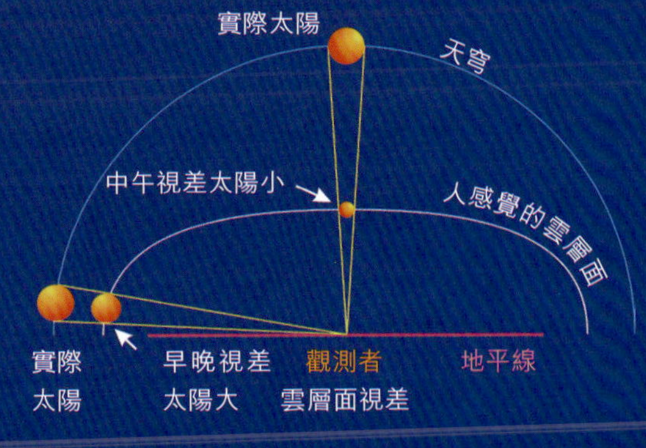

甚麼是霓和虹？

虹是指日光射入空中水滴，經折射和反射在雨幕上形成的彩色圓弧。虹有主虹和副虹，副虹為霓，如果同時出現，虹在內側，霓位於外側。

副虹（霓）
視半徑 60°
內紅外紫

主虹
視半徑 42°
外紅內紫

主虹和副虹

主虹是經一次反射和兩次折射而被分散為各色光線所成。色帶排列是外紅內紫，常見的視半徑為 42° 。

副虹或霓，是經過兩次折射和兩次反射而被分散成各色光線所致。光帶色彩不如主虹鮮明，色彩排列與主虹相反，為內紅外紫。

虹（jiàng）的分類

虹，有兩個讀音，一個是虹（hóng），一個是虹（jiàng）。同字不同音不同義。虹（hóng）帶不能貫穿日輪，而虹（jiàng）帶能夠貫穿日輪。虹（jiàng）是大氣光象的一種，分為兩類：

第一類虹屬反射暈現象，可分為橫貫日白虹（假日環）和縱貫日的白虹（日柱）；

第二類虹又稱為「青白虹」，是指晨昏時地平線下日光從雲隙或山谷間隙中漏向天空，形成的明暗相間扇骨狀光條，暗條為阻擋的光影，明條為漏出的日光，即雲隙光和反雲隙光。

日華

甚麼是日華？

日華是出現在雲層上、緊貼太陽周圍的內紫外紅的彩色光環。有時可出現多個同心環層。

日華是如何形成的？

日華是由太陽光線經過雲內小水滴或冰晶衍射所致。由於太陽光芒強烈，人們難以正對日輪觀察日華。水滴或冰晶大時，華環就小，視半徑一般為 1° 至 5° 。

華蓋：雲層上緊貼太陽邊緣的光環。輪廓不甚規則，內青外棕，常是日華最內圈，視半徑小於 5° 。

華彩：指較大華環的一段或幾段所組成的彩色光帶。彩色以綠色和粉紅色居多，常出現在薄的中雲或高雲上。

甚麼是日暈？

日暈是暈的一種，反射暈多為白色，折射暈為彩色。常見的有 22° 和 46° 圓日暈、假日環、日柱、假日，以及各種弧狀日暈。

日暈是如何形成的？

日暈是日光經雲層中冰晶的折射或（和）反射而形成的光學現象。日暈多發生在捲層雲上，呈環形圓暈、弧形的珥、光斑形的假日等多種。

日暈環的色序排列是外紫內紅。

日暈

甚麼是對日暈？

對日暈是出現於太陽相對的天空，以對日點為中心的圓暈，是日光經過雲中冰晶上表面折射入冰晶，又在側面受內反射，再在下表面折射出冰晶，最後進入人目而形成。暈環中心與人目和日輪中心在同一直線上，暈的視半徑約 20° 或更小。色序外紅內紫，暈環隨日上升而下降，隨日下降而上升。冬天有冰晶雲霧時，如有寶光出現，則寶光伴現的大光環常為對日暈，而不是虹。

對日暈

甚麼是假日？

假日，又稱「幻日」，有卷狀雲時呈現於天空，大小略如日輪的成團暈像。它常與日輪同現，輪廓不清，略顯彩色或淡白色，多見於假日環上。天空如出現數條暈弧相交或相切處，就會出現假日暈團。曾出現過「十日並現」的奇觀。

甚麼是假日環？

假日環是指橫貫日輪以天頂為圓心的白色暈環，常在能透現日輪的冰晶雲層上出現。

假日環橫貫日輪，而日柱為縱貫日輪。橫貫日輪的反射暈環與其他暈相交，並在相交處顯現出假日，有形成於地平暈環上的近假日、22° 假日、46° 假日、120° 假日、180° 假日。

正是由於這個白色暈環周圍分佈許多近遠假日，所以被稱為「假日環」。

甚麼是寶光？

寶光是太陽相對方向處的雲霧上出現的圍繞人影彩色光環。寶光中間的影為觀測者自己的身影。航行在雲幕上，偶爾也可見飛機影子形成的寶光。寶光色序內紫外紅，視半徑小於20°。

寶光是如何形成的？

寶光是光的衍射把人影投映到雲霧幕上而成的。寶光在液滴或冰晶組成的雲霧幕上均可出現，但當雲霧為液滴組成時伴見的大光環為虹，而當雲霧為冰晶組成時則為對日暈。寶光多見於雲霧繚繞的峨眉山，在霧氣條件相同的其他山地也可見到。

甚麼是雲隙光？

雲隙光是指從雲霧的邊緣射出的陽光，照亮空氣中的灰塵而使光芒清晰可見，是常見的大氣現象。

甚麼是曙暮輝？

曙暮輝是日出前和日落後短時間內太陽射出的光輝。這種光是由雲縫或不規則地平線的空隙射出的日光被大氣散射所形成。

曙暮輝

雲隙光是如何產生的？

雲隙光的產生條件是，大氣中的水氣與灰塵適當，雲或霧能遮擋住太陽，就可以觀測到。多雲的天氣比較常見；晴朗的天氣，常發生於日落時。海濱或濕氣重的山谷地區多見。偶爾雲隙光會伴隨着反雲隙光一起發生。

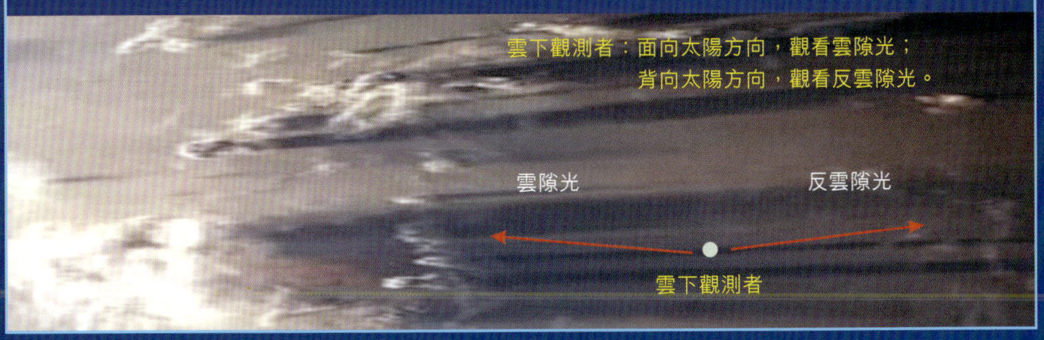

甚麼是夜光雲？

夜光雲是深曙暮期間，出現於地球高緯度地區高空的一種發光且透明的波狀雲，位於大氣中間層，一般呈淡藍色或銀灰色。

夜光雲是如何形成的？

夜光雲是由雲中的冰晶顆粒散射太陽光而形成，形成的條件是低溫、水蒸氣、塵埃和位置。夜光雲只出現在中高緯度地區的夏季。當太陽在地平線以下時，低層大氣在地球的陰影內，高層大氣的夜光雲被日光照射時，才能用肉眼觀察到它。

夜光雲

甚麼是極光？

極光是指出現在地磁緯度 67° 環帶上空的一種絢麗多彩的發光現象，多為熒綠色。

極光是如何形成的？

極光是由於太陽帶電子流（太陽風）進入地球磁場，並在地球磁場的作用下集中至南北兩極，使高層大氣的分子、原子激發或電離而產生的現象。

極光

甚麼是夜天光？

夜天光是指太陽落入地平線下 18° 以後的無月晴夜所呈現的暗弱彌漫光輝，光譜由連續光譜和發射線組成，又稱「夜天輻射」。每平方角秒夜天背景的亮度約相當於目視星等 21.6 等。在地球大氣外，夜天背景的亮度比地面觀測的亮度大約暗 1 個星等。

夜天光是如何形成的？

夜天光是由多種光組合而成，其中高層大氣中光化學過程產生的氣輝光，約佔 40%；行星際物質散射的太陽光形成的黃道光約佔 15%；近銀道面星際物質反射或散射的星光的彌漫銀河光，約佔 5%；恆星光約佔 25%；河外星系和星系間介質光佔不足 1%；地球大氣散射上述光源的光約佔 15%。

夜天光

甚麼是黃道光？

黃道光是指日出前或日落後出現在黃道兩邊的微弱光芒，呈錐體狀，是由黃道面上大量圍繞太陽運行的塵埃散射太陽光形成的，或由日冕的延伸部分造成。低緯度地區四季可見，中緯度地區春分前後見於黃昏後的西方，或秋分前後見於黎明前的東方，高於地平線約 30°。

黃道光

甚麼是對日照？

對日照是指夜空中與太陽相反方向，黃道上很微弱的亮斑。它呈橢圓形，範圍約 20°X10°，亮度極大的位置在反日點稍偏西幾度的地方。對日照十分暗弱，最佳觀測時間是每年 3 月和 9 月，其他月份因與銀河交疊而難以觀測。最佳觀測地點為低緯度地區和高山地區。

對日照是如何產生的？

對日照的成因説法眾多，諸如黃道光假説、吉爾當 · 莫爾頓假説、塵尾假説、氣尾假説等。雖説法不一，但從對日照光譜中沒有發射線，而且與太陽光譜很相似，加上稍微偏紅等現象，可確認對日照是塵埃粒子的反向散射所造成。因此，本書作者提出了全新的「塵埃食或折射聚光假説」，即在地球本影與黃道塵埃粒子相交區內，塵埃反射地球大氣折射光形成塵埃食，或聚焦疊加各色折射光而形成對日照。該假説能夠解釋對日照面積、光譜、光度、形狀、位置等現象的成因。

對日照

甚麼是日食？

日食，又稱「日蝕」，是在地球上看到太陽被部分或全部遮擋的天文現象。日食是由於月球運行到太陽和地球中間，月球遮擋了太陽而形成。中國古人把日食稱為「天狗食日」。

日食有幾種？

日食分為日全食、日環食和日偏食三種，還有混合日食和大氣食。

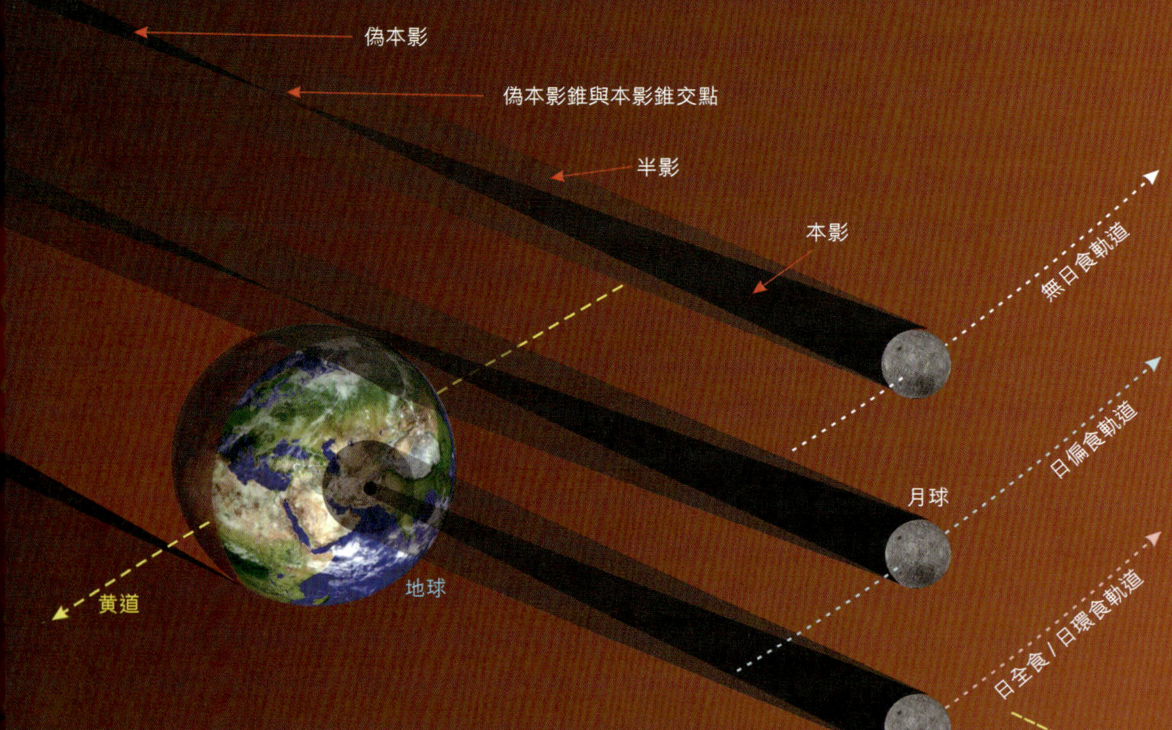

甚麼是本影和偽本影？

偽本影是非點光源在遇到障礙物時，光線從它的邊緣過去，光線相交後的延長光線形成的影區。障礙物到光線交點前的影區叫「本影」，光線交點後的影區叫「偽本影」。

甚麼是日全食？

日全食是指太陽光被月球全部遮住的天文現象。日全食是由於月球本影到達地球形成的。日全食只有在月球本影經過的地帶才能看到。日全食期間地球的白天瞬間變成了黑夜。

甚麼是日環食？

日環食是指太陽的中間被月球遮擋的天文現象。日環食是由於月球的偽本影到達地球形成的。日環食只有在月球偽本影經過的地帶才能看到，太陽的中心部分變黑，邊圈明亮。

太陽

月球

甚麼是日偏食？

日偏食是指太陽光被月球遮擋了一部分的天文現象。

日環食食相

日偏食食相

甚麼是日食帶？

日食帶是指發生日食時，月球本影和半影落到地球表面，形成一個半影圓區圍繞本影圓區的圓形影子。當月球繞地球轉動時，這個圓形影子就在地球表面自西向東掃過一條帶，在這個帶內可以看見日食，所以稱為「日食帶」。日食帶分為本影帶和半影帶。

本影帶和半影帶

日食帶內本影帶或偽本影帶內能夠看見日全食或日環食，半影帶內可以看到日偏食。半影圓區直徑遠遠大於本影圓區直徑，因此本影帶非常狹窄，觀賞日全食或日環食的範圍非常小；而本影帶兩邊的偏食帶相對寬闊，能夠看到日偏食的範圍相對較大。

日食持續時間

從地球角度說，當西部地區已經處於月影區域看到日食時，東部地區要等待月影東移後才能看到日食。日食持續時間有長有短，最長可達三四個小時。

從帶內觀測者角度說，本影區不但範圍窄，持續時間也很短，一般日全食階段只有幾分鐘，最長的是 7.5 分鐘。而半影區的偏食相對較長。

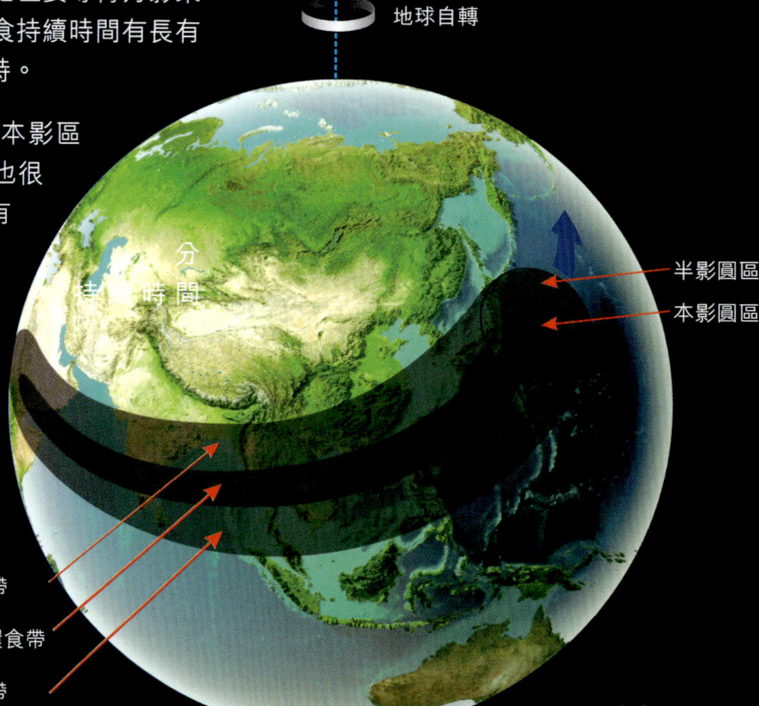

日食食比

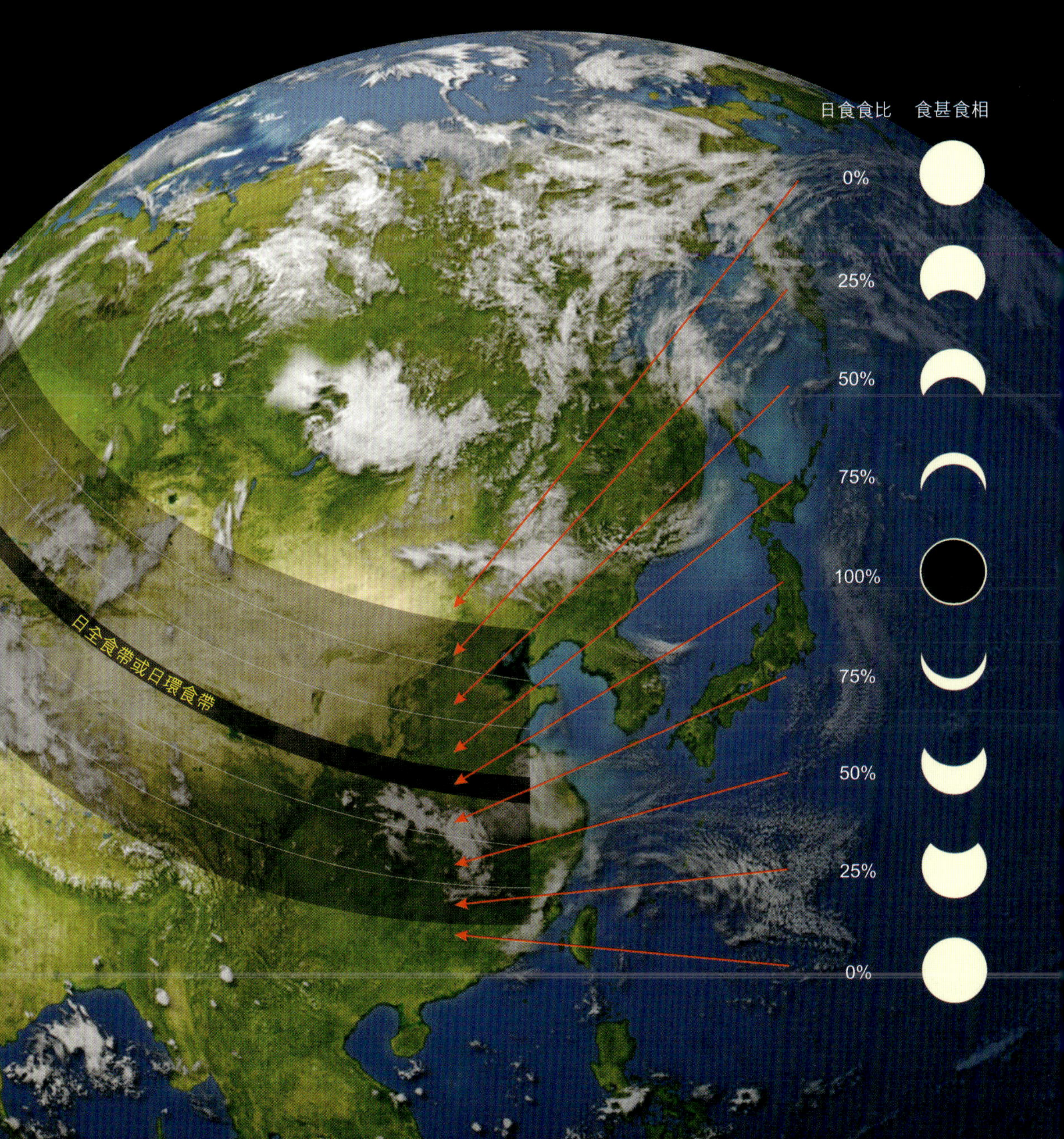

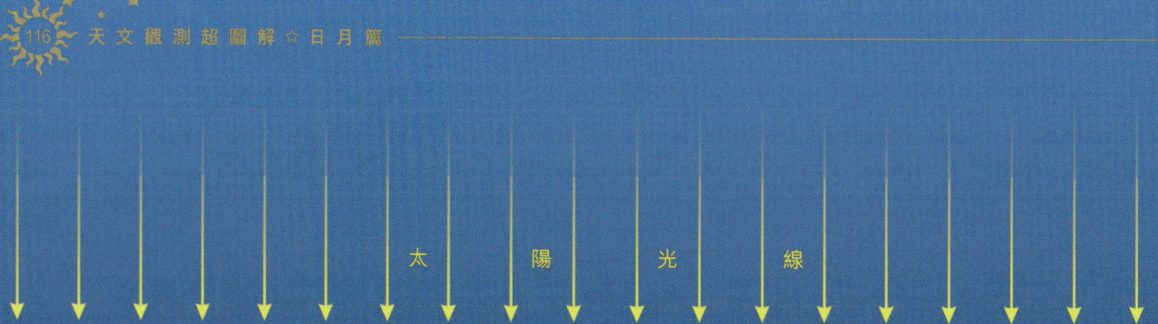

甚麼是混合日食和大氣食？

除了日全食、日環食、日偏食外，還有大氣食和混合日食等特殊情況，其原因是本影錐尖長於地球的向日弧面而未達地心。

大氣食

月球本影恰好在大氣層掠過，沒有接觸地面，但可以看見陰黑天空的日食現象。

混合日食

混合日食是指同一次日食，日食帶上先後看到全食和環食的現象，也叫「全環食」。

太陽和月亮看上去誰大？

太陽和月亮在地球上看上去差不多大，因為太陽的直徑約為月球的 400 倍，太陽到地球的距離恰好也是月球到地球的 400 倍。但由於月球存在近地點和遠地點，地球也存在近日點和遠日點，所以太陽和月亮的視大小有微小的變化。因此看上去有時候月球比太陽大點，有時候月球比太陽小點，有時候月球和太陽幾乎一樣大，從而會形成日全食和日環食現象。

發生日全食，月球大於太陽，把太陽全部遮擋了。

發生日環食，月球小於太陽，只遮擋

日全食食相

全食復圓

全食生光

全食食甚

全食食既

朔月

全食初虧

日環食食相

環食復圓

環食食終

環食食甚

環食食既

朔月

環食初虧

初虧 日食開始的時刻，月面東邊緣與日面西邊緣外切。

食既 日全食開始時刻，月面東邊緣與日面東邊緣內切（日環食食既，月面西邊緣與日面西邊緣內切）。

食甚 日全食最甚時刻，是月面中心與日面中心最近時刻。

生光 日全食結束時刻，月面西邊緣與日面西邊緣內切（日環食食終，月面東邊緣與日面東邊緣內切）。

復圓 日食終了的時刻，月面西邊緣與日面東邊緣外切。

日偏食食相

復圓

日偏食終了的時刻，日面東邊緣與月面西邊緣外切。

食甚

日偏食最甚的時刻，太陽中心與月球中心最近時刻。

初虧

日偏食開始的時刻，日面西邊緣與月面東邊緣外切。

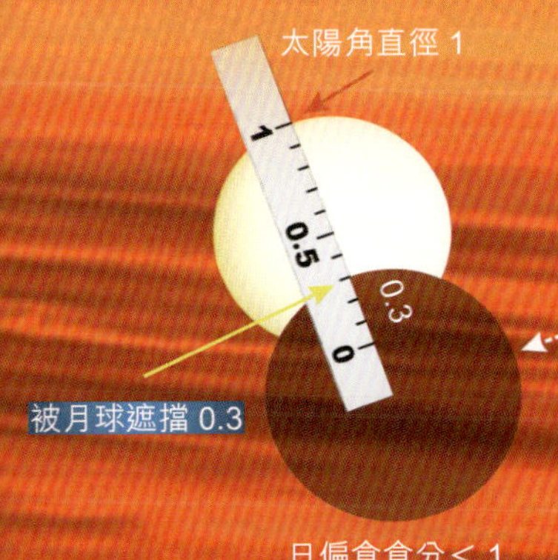

日偏食食分＜1

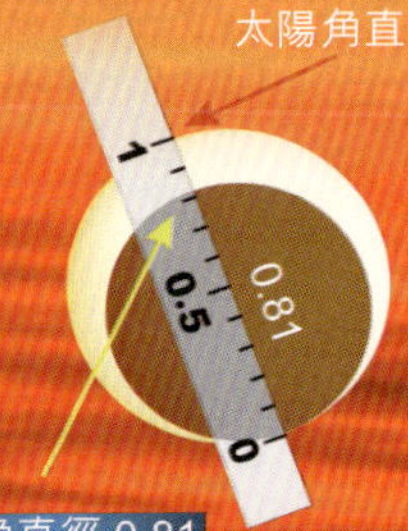
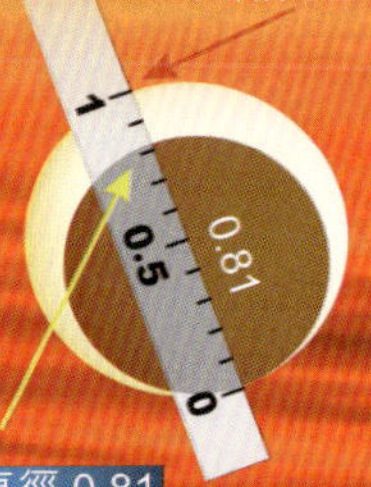

日環食食分＜1

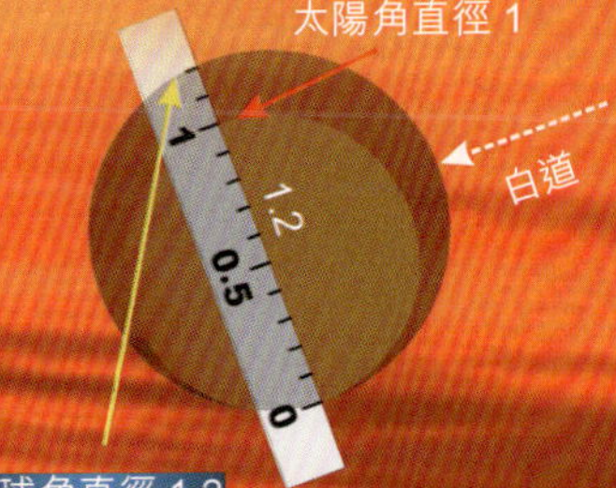

日全食食分 ≥1

甚麼是日食食分？

日食食分是指食甚時，日輪被月球遮擋的最大深度與日輪角直徑之比，是指太陽被食的直徑長短，而不是太陽被遮擋的面積大小。食分愈大，日輪被食的程度就愈大。日偏食食分小於 1，日環食食分小於 1，日全食食分大於等於 1。

日食和月食的發生有規律嗎？

日食和月食是有規律的。

每 18 年零 11 天或 10 天為一個周期，每個周期內平均有 71 次日月食，其中日食 43 次，月食 28 次。

某地區發生日食或月食之後，再過 54 年零 33 天，會再次發生類似的日食或月食。

同一地點再發生日全食平均需 375 年。日食和月食成對出現，日食發生在月食前後 2 週。

日食和月食哪個發生次數多？

每年日月食平均有 4 次，最少有 2 次，這 2 次都是日食，沒有月食；最多有 7 次，其中日食 5 次，月食 2 次；或日食 4 次，月食 3 次。

日食無疑多於月食，但就普通觀測者而言，感覺月食多於日食，這是因為日食只有在地球上狹窄的日食帶內的少數人能夠看到，而月食在整個夜半球上的人都能看到。

日食持續多長時間？

日食持續時間短則幾秒，長則十幾分鐘，其中日全食最長不超過 8 分鐘，而日環食最長有十幾分鐘。日食過程會有幾小時不等。

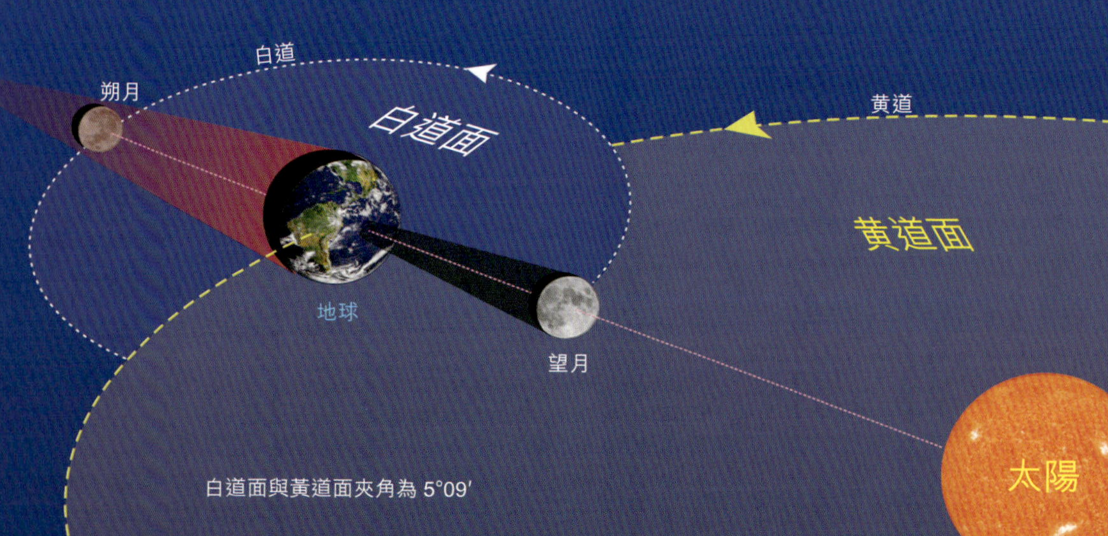

在月球上能看到日食嗎？

在月球上能夠看到日食，在地球上出現月全食時，站在月球上看到的則是日全食，也就是太陽被地球遮擋了，便發生了日食。

但由於地球大氣層散射了太陽光線，散射的光線中紅色光的折射小，波長最長，能達到月球表面，因此在地球上看月球多是紅月亮，而在月球上看地球則是紅色光環包裹的地球。

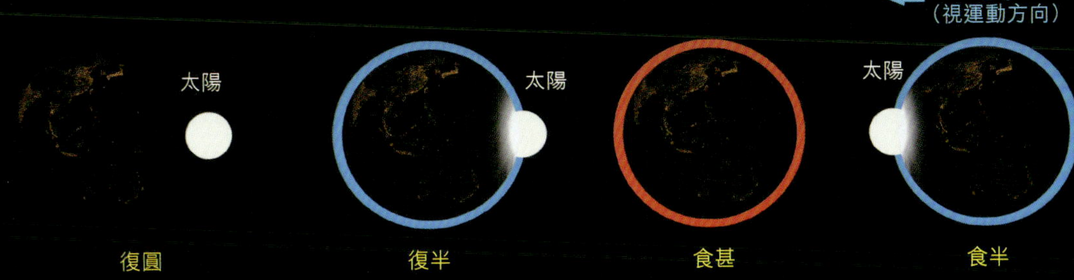

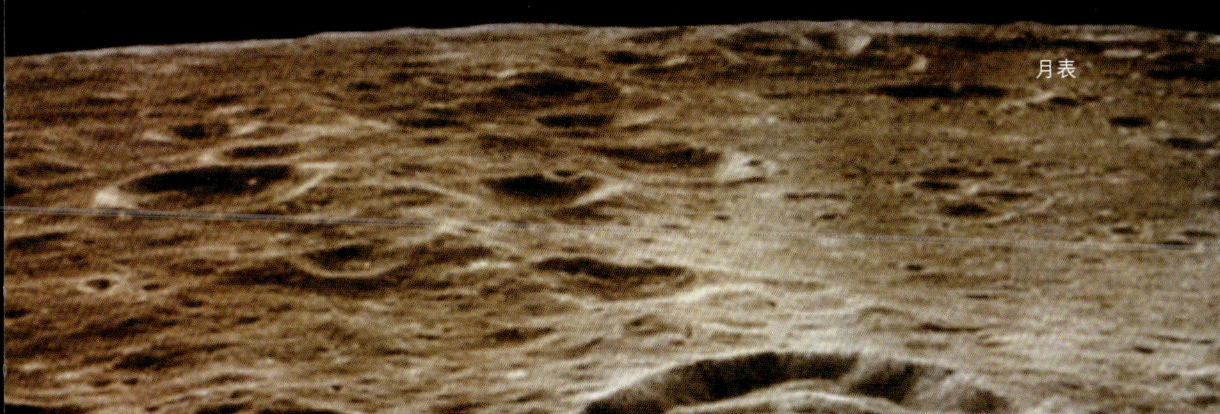

在其他行星上看太陽有多大？

在地球上看太陽，視面直徑為 30′，大約是伸出去的小手指尖的一半寬，與滿月差不多大小。而站在其他七個大行星上看太陽，有大有小。其中小的與星星大小差不多。這是由於八大行星距離太陽遠近不同造成的視覺現象。在八大行星上看太陽的視直徑分別為：水星 1°18′，金星 42′，地球 30′，火星 20′，木星 6′，土星 3′，天王星 1′30″，海王星 54″。

附錄

全天 30 顆目視亮星排名表

序號	亮星名稱	中國名稱	目視星等	絕對星等	光譜光度
1	大犬 α	天狼	-1.46	1.42	A1V
2	船底 α	老人	-0.72	-2.4	FoII
3	半人馬 α	南門二	-0.27	4.4	G2V
4	牧夫 α	大角	-0.04	-0.3	K2III
5	天琴 α	織女一	0.03	0.5	AOV
6	御夫 α	五車二	0.08	0.1	G8III
7	獵户 β	參宿七	0.12	-7.1	B8Ia
8	小犬 α	南河三	0.38	2.6	F5IV
9	波江 α	水委一	0.46	-1.6	B3Vpe
10	獵户 α	參宿四	0.50	-5.6	M1Ia
11	半人馬 β	馬腹一	0.61	-5.1	B1III
12	天鷹 α	河鼓二 / 牛郎	0.77	2.2	A7IV
13	南十字 α	十字架二	0.79	-3.8	B0.5IV
14	金牛 α	畢宿五	0.85	-0.6	K5III
15	天蝎 α	心宿二	0.96	-4.7	MII
16	室女 α	角宿一	0.98	-3.5	B1III
17	雙子 β	北河三	1.14	1.0	KOIIIb
18	南魚 α	北落師門	1.16	2.0	A3V
19	南十字 β	十字架三	1.25	-5.0	B0.5III
20	天鵝 α	天津四	1.25	-7.5	A2Ia
21	獅子 α	軒轅十四	1.35	-0.6	B7V
22	大犬 ε	弧矢七	1.50	-4.4	B2II
23	雙子 α	北河二	1.58	1.1	A1V
24	南十字 γ	十字架一	1.63	-0.5	M4III
25	天蝎 λ	尾宿八	1.63	-3.0	B2IV
26	獵户 γ	參宿五	1.64	-3.6	B2III
27	金牛 β	五車五	1.65	-1.6	B7III
28	船底 β	南船三	1.68	-0.6	A1III
29	獵户 ε	參宿二	1.70	-6.2	BOIa
30	天鵝 α	鶴一	1.74	-0.2	B7IV

天體和星座符號表

類別													
太陽系主要天體	名稱	太阳	月球	水星	金星	地球	火星	木星	土星	天王星	海王星	冥王星
	符號	☉	☽	☿	♀	⊕ ♁	♂	♃	♄	♅	♆	♇
黃道星宮	名稱	摩羯座	寶瓶座	雙魚座	白羊座	金牛座	雙子座	巨蟹座	獅子座	室女座	天秤座	天蝎座	人馬座
	符號	♑	♒	♓	♈	♉	♊	♋	♌	♍	♎	♏	♐
常見天象	名稱	恒星	彗星	新月	滿月	上弦	下弦	合	冲	方照	升交點	降交點	春分點
	符號	★ ☆	☄	●	○	◐	◑	☌	☍	□	☊	☋	♈

流星雨表

極盛時間 月	日	流星雨名稱	輻射點 赤經	赤緯	流量 ZHR
1月	3日	象限儀座	15^h21^m	+48. 5°	80
	10日	后髮座	11^h40^m	+25°	8
	16日	巨蟹座 δ	08^h24^m	+20°	7
2月	8日	半人馬座 α	14^h00^m	-59°	10
	26日	獅子座 δ	10^h36^m	+19°	24
3月	16日	南冕座	18^h19^m	-42°	8
	26日	室女座	12^h24^m	-0°	6
4月	9日	室女座 α	13^h16^m	-13°	8
	17日	獅子座 σ	13^h00^m	-5°	12
*1	22日	天琴座四月	18^h06^m	+33. 6°	12
	23日	船底座 π	07^h20^m	-45°	10
	25日	室女座 μ	14^h44^m	-5°	7
	28日	牧夫座 α	14^h32^m	+ 19°	8
5月	1日	牧夫座 φ	16^h00^m	+51°	6
	3日	天蠍座 α	16^h00^m	-22°	6
	3日	寶瓶座 η	22^h22^m	-1.9°	60
6月	3日	武仙座 τ	15^h12^m	+39°	15
	5日	天蠍座 χ	16^h28^m	-13°	10
	7日	白羊座白晝	02^h56^m	+23°	50
	7日	英仙座 ζ 白晝	04^h08^m	+23°	40
*2	8日	天秤座	15^h09^m	-28. 3°	10

極盛時間 月	日	流星雨名稱
*3	11日	人馬座
	13日	蛇夫座 θ
*4	16日	天琴座六月
*5	26日	烏鴉座
	28日	天龍座
	28日	牧夫座六月
	29日	金牛座 β 白晝
7月	9日	飛馬座 ε
*6	14日	鳳凰座七月
	16日	天龍座 ο
	22日	摩羯座
	29日	南寶瓶座 δ
*7	30日	山羊座 α
8月	5日	南寶瓶座 ι
	12日	英仙座
	12日	北寶瓶座 δ
	18日	天鵝座 κ
9月	1日	御夫座
	20日	北寶瓶座 ι
	20日	南雙魚座
	21日	寶瓶座 κ
	29日	六分儀座白晝

注：*1 目視觀測開始階段非常微弱；
*2 在 1937 年出現過；
*3 1958 年出現過；
*4 1966 年以後才出現；
*5 1937 年出現過；
*6 1953—1958 年僅雷達觀測到；
*7 目視觀測，與南水瓶座 δ 流星雨無法分辨；
*8 目視觀測，這兩個流星雨無法分辨；
*9 1885 年極盛時流量 13,000 顆 / 小時；
*10 僅 1965 年出現過。

輻射點 赤經	赤緯	流量 ZHR
20^h16^m	-35°	30
17^h48^m	-28°	2
18^h32^m	+35°	9
12^h48^m	-19. 1°	13
16^h55^m	+56°	5
14^h36^m	+49°	6
05^h44^m	+19°	25
22^h40^m	+15°	8
02^h05^m	-47. 9°	30
18^h04^m	+59°	3
20^h52^m	-23°	4
22^h12^m	-16. 5°	30
20^h28^m	-10°	30
22^h13^m	-14. 7°	15
03^h05^m	+57. 4°	95
22^h36^m	-5°	20
19^h04^m	+59°	5
05^h39^m	-42°	30
21^h48^m	-6°	15
00^h24^m	-0°	10
22^h32^m	-5°	5
10^h08^m	-0°	30

極盛時間 月	日	流星雨名稱	輻射點 赤經	赤緯	流量 ZHR
10 月	3 日	仙女座周年	00^h20^m	+8°	13
	3 日	仙女座周年	01^h20^m	+34°	10
	9 日	天龍座十月	17^h28^m	+54.1°	2
	12 日	北雙魚座	01^h44^m	+ 14°	6
	19 日	雙子座 ε	06^h56^m	+27°	5
	21 日	獵户座	06^h18^m	+15. 8°	30
	24 日	小獅座	10^h48^m	+37°	3
11 月	3 日	南金牛座	03^h22^m	+ 13. 6°	7
	12 日	飛馬座	22^h20^m	+21°	5
*8	13 日	北金牛座	03^h53^m	+22.3°	7
	17 日	獅子座	10^h09^m	+22. 2°	15
*9	27 日	仙女座	01^h40^m	+44°	—
12 月	5 日	鳳凰座十二月	01^h00^m	- 55°	100
*10	5 日	鳳凰座十二月	01^h00^m	-45°	100
	10 日	麒麟座	06^h39^m	+ 14°	3
	10 日	南獵户座 χ	05^h40^m	+ 16°	8
	11 日	北獵户座 χ	05^h36^m	+26°	4
	11 日	長蛇座 σ	08^h26^m	+ 1.6°	5
	11 日	白羊座 δ	03^h28^m	+22°	5
	14 日	雙子座	07^h29^m	+32.5°	90
	22 日	小熊座	14^h28^m	+75.85°	20

2018～2100 年月食時間表（黃色字為月偏食）

月全食時間	月全食時間	月全食時間	月全食時間	月全食時間
2018 年 1 月 31 日	2034 年 9 月 28 日	2050 年 10 月 30 日	2067 年 7 月 7 日	2084 年 1 月 22 日
2018 年 7 月 27 日	2035 年 8 月 19 日	2051 年 4 月 26 日	2068 年 5 月 17 日	2084 年 7 月 17 日
2019 年 1 月 21 日	2036 年 2 月 11 日	2051 年 10 月 19 日	2068 年 11 月 9 日	2086 年 5 月 28 日
2019 年 7 月 16 日	2036 年 8 月 7 日	2052 年 10 月 8 日	2069 年 5 月 6 日	2086 年 11 月 20 日
2021 年 5 月 26 日	2037 年 1 月 31 日	2054 年 2 月 22 日	2069 年 10 月 30 日	2087 年 5 月 17 日
2021 年 11 月 19 日	2037 年 7 月 27 日	2054 年 8 月 18 日	2070 年 10 月 19 日	2087 年 11 月 10 日
2022 年 5 月 16 日	2039 年 6 月 6 日	2055 年 2 月 11 日	2072 年 3 月 4 日	2088 年 5 月 5 日
2022 年 11 月 8 日	2039 年 11 月 30 日	2055 年 8 月 7 日	2072 年 8 月 28 日	2088 年 10 月 30 日
2023 年 10 月 28 日	2040 年 5 月 26 日	2057 年 6 月 17 日	2073 年 2 月 22 日	2090 年 3 月 15 日
2024 年 9 月 18 日	2040 年 11 月 18 日	2057 年 12 月 11 日	2073 年 8 月 17 日	2090 年 9 月 8 日
2025 年 3 月 14 日	2041 年 5 月 16 日	2058 年 6 月 6 日	2075 年 6 月 28 日	2091 年 3 月 5 日
2025 年 9 月 7 日	2041 年 11 月 8 日	2058 年 11 月 30 日	2075 年 12 月 22 日	2091 年 8 月 29 日
2026 年 3 月 3 日	2042 年 9 月 28 日	2059 年 5 月 27 日	2076 年 6 月 17 日	2093 年 7 月 8 日
2026 年 8 月 28 日	2043 年 3 月 25 日	2059 年 11 月 19 日	2076 年 12 月 10 日	2094 年 1 月 1 日
2028 年 1 月 12 日	2043 年 9 月 19 日	2061 年 4 月 4 日	2077 年 6 月 6 日	2094 年 6 月 28 日
2028 年 7 月 6 日	2044 年 3 月 13 日	2061 年 9 月 29 日	2077 年 11 月 29 日	2094 年 12 月 21 日
2028 年 12 月 31 日	2044 年 9 月 7 日	2062 年 3 月 25 日	2079 年 4 月 16 日	2095 年 6 月 17 日
2029 年 6 月 26 日	2046 年 1 月 22 日	2062 年 9 月 18 日	2079 年 10 月 10 日	2095 年 12 月 11 日
2029 年 12 月 20 日	2046 年 7 月 18 日	2063 年 3 月 14 日	2080 年 4 月 4 日	2097 年 4 月 26 日
2030 年 6 月 15 日	2047 年 1 月 12 日	2064 年 2 月 2 日	2080 年 9 月 29 日	2097 年 10 月 21 日
2032 年 4 月 25 日	2047 年 7 月 7 日	2064 年 7 月 28 日	2081 年 3 月 25 日	2098 年 4 月 15 日
2032 年 10 月 18 日	2048 年 1 月 1 日	2065 年 1 月 22 日	2082 年 2 月 13 日	2098 年 10 月 10 日
2033 年 4 月 14 日	2048 年 6 月 26 日	2065 年 7 月 17 日	2083 年 2 月 2 日	2099 年 4 月 5 日
2033 年 10 月 8 日	2050 年 5 月 6 日	2066 年 1 月 11 日	2083 年 7 月 29 日	

2016～2100 年中國可見日食時間表

日食發生時間	類型	日食發生時間	類型	日食發生時間	類型
2016 年 3 月 9 日	全食	2053 年 9 月 12 日	全食	2088 年 4 月 21 日	全食
2018 年 8 月 11 日	偏食	2054 年 9 月 2 日	偏食	2089 年 10 月 4 日	全食
2019 年 1 月 6 日	偏食	2057 年 7 月 1 日	環食	2093 年 1 月 27 日	全食
2019 年 12 月 26 日	環食	2058 年 11 月 16 日	偏食	2094 年 12 月 7 日	偏食
2020 年 6 月 21 日	環食	2059 年 11 月 5 日	環食	2095 年 11 月 27 日	環食
2021 年 6 月 10 日	環食	2060 年 4 月 30 日	全食	2096 年 5 月 22 日	全食
2022 年 10 月 25 日	偏食	2061 年 4 月 20 日	全食	2096 年 11 月 15 日	環食
2023 年 4 月 20 日	全環	2062 年 9 月 3 日	偏食		
2027 年 8 月 2 日	全食	2063 年 2 月 28 日	環食		
2028 年 7 月 22 日	全食	2063 年 8 月 24 日	全食		
2030 年 6 月 1 日	環食	2064 年 2 月 17 日	環食		
2031 年 5 月 21 日	環食	2066 年 6 月 22 日	環食		
2032 年 11 月 3 日	偏食	2069 年 4 月 21 日	偏食		
2034 年 3 月 20 日	全食	2070 年 4 月 11 日	全食		
2035 年 9 月 2 日	全食	2072 年 9 月 12 日	全食		
2037 年 1 月 16 日	偏食	2073 年 2 月 7 日	偏食		
2041 年 10 月 25 日	環食	2074 年 1 月 27 日	環食		
2042 年 4 月 20 日	全食	2074 年 7 月 24 日	環食		
2042 年 10 月 14 日	環食	2075 年 7 月 13 日	環食		
2044 年 2 月 28 日	環食	2079 年 5 月 1 日	全食		
2047 年 1 月 26 日	偏食	2081 年 9 月 3 日	全食		
2048 年 6 月 11 日	環食	2082 年 8 月 24 日	全食		
2049 年 11 月 25 日	全環	2084 年 7 月 3 日	環食		
2051 年 4 月 11 日	偏食	2085 年 6 月 22 日	環食		
2053 年 3 月 20 日	環食	2086 年 12 月 6 日	偏食		

天文觀測超圖解 日月篇

Astronomical Observation Guide

著者
李德生

責任編輯
蘇慧怡

裝幀設計及排版
鍾啟善

出版者
萬里機構出版有限公司
香港北角英皇道 499 號北角工業大廈 20 樓
電話：2564 7511　　傳真：2565 5539
電郵：info@wanlibk.com
網址：http://www.wanlibk.com
http://www.facebook.com/wanlibk

發行者
香港聯合書刊物流有限公司
香港荃灣德士古道 220-248 號荃灣工業中心 16 樓
電話：2150 2100　　傳真：2407 3062
電郵：info@suplogistics.com.hk
網址：http://www.suplogistics.com.hk

承印者
中華商務彩色印刷有限公司
香港新界大埔汀麗路 36 號

出版日期
二〇二四年十一月第一次印刷

規格
特 16 開（220mm × 170mm）

ISBN 978-962-14-7577-0

本書繁體字版由廣東科技出版社有限公司授權出版。